U0167788

算法漫步

乐在其中的计算思维

陈道蓄 李晓明 编著

本书是一本面向问题求解的计算机算法普及读物。笔者挑选了24个问题，有些属于计算机科学中的经典，有些则来自游戏等其他领域的场景，旨在提供一个不同于普通算法教科书的视野。在相关求解算法的介绍上大体遵循问题导入、算法思路、算法描述和算法分析的思路，从而使得对每一个问题和算法的讨论相对独立。全书可以任意顺序选读。

本书适合受过高中及其以上教育的读者，适合作为中学信息技术课程改革和大学计算机基础课的教学参考书，也有助于曾经学过计算机相关课程的读者加深关于算法的认识。

图书在版编目（CIP）数据

算法漫步：乐在其中的计算思维/陈道蓄，李晓明编著．—北京：机械工业出版社，2021.8（2024.12重印）

ISBN 978-7-111-68715-3

Ⅰ．①算…　Ⅱ．①陈…　②李…　Ⅲ．①计算机算法—普及读物　Ⅳ．①TP301.6-49

中国版本图书馆CIP数据核字（2021）第140180号

机械工业出版社（北京市百万庄大街22号　邮政编码100037）

策划编辑：梁　伟　　责任编辑：梁　伟　游　静

责任校对：张玉静

责任印制：单爱军

北京虎彩文化传播有限公司印刷

2024年12月第1版第5次印刷

148mm×210mm・7.75印张・3插页・198千字

标准书号：ISBN 978-7-111-68715-3

定价：79.00元

电话服务

客服电话：010-88361066

010-88379833

010-68326294

网络服务

机　工　官　网：www.cmpbook.com

机　工　官　博：weibo.com/cmp1952

金　　书　　网：www.golden-book.com

机工教育服务网：www.cmpedu.com

前　言

在短短几十年的时间里，数字技术已然改变了人们的生活。如今走到哪里都能看到人们手中抓着手机，真是“抓着”，而不仅是随身携带。有人甚至觉得只要有手机，最多再加上一台笔记本电脑，就能应付工作、生活和休闲的全部需要。

大到从火星探测器发回图片，小到在网上点餐，多样化的计算机应用背后都有一个共同的概念：算法。如果把迅速发展的信息化社会看作“三驾马车”在奔跑，那“三匹马”就是芯片、系统和算法。而这其中，最让人们觉得“雾里看花”的就是算法。“App”这个词几乎人人都能脱口而出，且能对应到一个个明确的对象，而“算法”却总有点“拗口”，似乎看不见、摸不着。

这是因为许多基础算法尽管每天都会被用到，但它们只是整个应用解决方案中的某些环节，默默地在背后发挥作用。例如，人们在12306网站订车票时无意识地就在用排序算法。另外，即使算法直接与应用相关，用户也未必注意到“隐身”于系统之中的一小段代码，例如，看视频时必然会用到的压缩算法。

通常介绍算法的书会把算法与菜谱进行类比：菜谱列出将食材和调料（输入）加工成菜品（输出）的步骤；计算机算法则是将输入数据转化为输出数据的过程。在讨论计算机算法时，数据指的是将物理世界的问题抽象为模型后的数据表示。

尽管大家都能理解讲算法时提到菜谱只是类比，也能体会到计算机算法对逻辑严谨性的要求与菜谱显然不同，但这样的类比仍然会产生误导，影响我们对于计算思维的认识。

人的一生甚至整个人类的历史就是不断“解题”的过程。解题过程与人类自身解题能力的提高是互相促进的演化过程，包括对人类进化的影响。人类当前的解题能力基于世世代代的知识积累以及在这个基础上凝练出的智慧，前者常体现为有形的记录，后者常表现为无形的洞悉和参悟。这些知识与智慧和人作为生物物种之一的生理特质是密切相关的，也最适合由人运用它们去解决问题。正如工业革命促成动力装置大发展，极大地延伸了人的体力极限，计算机的出现理应延伸人的智力极限。

不过，目前甚至可见的未来，计算机解题的能力并不来源于类人的智慧，尽管某些应用表面上看似乎是这样。计算机表现出来的能力主要还是依赖极高的算力、极大的数据量，以及过去几十年来积累的丰富算法。中国计算机学会前理事长李国杰院士曾说过：“脑科学等领域的成果还不能为现在的智能计算提供任何直接的支撑。”计算思维的核心就是将人的智慧和计算机的优势最大限度地结合起来，实现这一目标的途径就是算法，目前的人工智能也是依赖算法进步的。一些因效率太低或风险太高而不被看好的人工解题方法，如穷尽搜索、试错等，却可能引导人们提出非常好的计算机算法。

随着智能技术的进步，人工智能对人类的威胁逐渐成为热门话题之一。一个经常被提及的论点是：人类的学习过程很慢，机器学习效率则提高得很快，因此不久后机器智能将超过人类。机器在棋类比赛中战胜世界冠军已足够让世人震惊，在以自然语言为媒介的电视问答大赛中机器也战胜了人类高手，这更让人觉得“通用、自主”的“强人工智能”带来的威胁就在眼前。

但这里似乎忽略了一个问题：人的“学习曲线”是否能改进？更具体地说，能不能利用机器智能改进人的学习效率？其实我们现在的教学模式是在计算机出现之前历经千百年形成的，即在知识总结的基础上构建体系，开发课程，然后按照课程进行教学，通常也能在学习者的大脑中重构相同的体系。这个过程侧重于知识的梳理和传递。至于将人类智慧融入教学，似乎更依赖于学习者的“悟道”。中国流行的古话“修行在个人”显然表明老师对怎么能让学生真正“悟出道”考虑得并不多。

人们对于机器智能发展的顾虑显然是因为机器已经从数据处理进化到了知识处理的阶段。与机器比赛知识处理，人类似乎不是对手。人类的学习过程必须从重知识传递转向重知识驾驭能力，可是学习模式进化迟缓。虽然计算机已广泛应用于教学，且近两年线上教学得到广泛采用，但坦率地说，教学模式并没有根本变化，多数还只是将传统课程迁移到了网上。

几十年前，管理信息化兴起之时，人们首先是将各种管理数据和表格电子化。但很快，人们就认识到，不改变管理模式不可能真正实现管理信息化。今天，对于教育人类面临同样的问题：什么样的教育模式才真正面向未来？如何使现在培养的人才不会很快被机器所替代？对计算机领域而言，积极发展智能技术，同时让学生主动探索如何利用机器智能更好地提升人类智慧，努力探索如何改进人类的学习曲线，方为面对技术发展的积极态度。当前具体着眼点应该包括充分理解计算环境的变化，以及培养学生与时俱进的算法设计能力。

科学普及往往没有正规科学技术教育那么明确的领域针对性，它一直是科技教育中不显眼但却具有持续意义的环节，对激发人特别是青少年的创造潜力有不可替代的作用。早在1826年，法拉第在英国皇家学会倡导了面向社会公众的“圣诞科学演说”，该活动一直延续至今，成为顶尖科学家服务于科学普及的典范。与自然科学、数学等学科相比，计算机科学技术的历史还非常短，其科普则更加滞后。但计算机技术的应用从深度、广度和渗透速度而言都是其他学科无法比拟的。2008年的“圣诞科学演说”邀请了曾任英国皇家学会副主席的计算机科学家Chris Bishop进行演讲，他强调了计算机算法普及的意义和迫切性。

本书是我们在算法思维普及方面尝试的成果。目标是让广大读者理解无处不在的计算机和网络应用背后的核心思想，体会当谈及算法的时候应该关心哪些问题。我们通过一些例子的铺陈，希望读者能够意识到人所主导的计算机解题关键在于用人的智慧充分发挥计算机的长处，延伸人类的智力极限。这不同于传统的解题思想，它应能支持我们以更积极的态度迎接智能技术革命。

本书适合受过高中及其以上教育，对数学和计算机有兴趣的读者，适合作为大学计算机基础课和中学信息技术课程改革的教学参考书，也有助于曾经学过计算机相关课程的读者刷新关于算法的认识。

俗话说：多一个数学公式就会少一半读者。本书的内容决定了不可能完全回避数学公式和代码。我们将本书定位于“中级科普”，既让一般读者领略计算机解题带来的乐趣，又能为有志于将来在计算机科学领域继续探索的青少年读者提供前进的跳板。在讨论问题及其解法时，我们回避严格的数学推导，但不回避对正确性和复杂性的分析。算法描述原则上采用伪代码，部分代码涉及细节，可能形式上更像Python语言。不过初学者应该记住：“算法第一，代码第二。”我们在合适的地方也会提供一些可进一步探讨或与程序实现相关的问题与建议，希望有助于启发读者的思考。

本书名为《算法漫步》，虽然内容分为四篇，但不具有学术或技术上的分类含义，只是按照内容粗略划分，以方便阅读。读者可以按照兴趣任意选择阅读顺序和方式，当然我们希望读者对每部分都有兴趣。考虑到本书读者的背景不同，我们也从算法逻辑、程序与数据结构，以及数学知识三方面，提供了关于本书24个问题的难度标记，供选读时参考。

我们在计算机教育领域工作多年，尽管在计算机教学与科研方面略有积累，但深知写出好的科普作品实非易事，既要易于读者理解，又不能在最核心的科学技术内容上产生误导。本书一定存在瑕疵，希望得到广大读者的批评指正。我们在这本书上的努力算是抛砖引玉，期望今后能看到更多在计算机领域有所建树的学者、教师关注计算思维的科普，产生更多优秀作品，为创建适合智能时代的新教学模式提供启发。

编 者

章节内容难度标记说明

章节内容	算法逻辑	程序与数据结构	数学知识
1 量水问题	*	**	*
2 一笔画问题	*	*	**
3 迷宫问题	**	**	**
4 拼块游戏	*	**	*
5 对弈游戏	**	**	*
6 查找	*	**	*
7 排序	**	**	*
8 连通	*	**	**
9 连通的代价	**	**	**
10 数据压缩	**	**	*
11 最短路径	**	**	*
12 最大流量	**	**	**
13 凸包计算	**	*	**
14 选举	**	**	**
15 分类	**	**	**
16 聚类	*	**	**
17 投资	***	**	**
18 匹配	**	***	*
19 调度	**	**	*
20 密码	**	**	**
21 社会网络	**	**	***
22 斐波那契数列	*	*	*
23 大数乘法三解	**	*	**
24 高次方程求解	**	*	***

关于标记的说明：

本书为普及读物，表中的难度标记已考虑到目标读者的基本背景。本表为读者提供了一个关于理解难易度的相对分类。不同读者的知识背景与理解能力有差异，因此，表中的标记仅有相对含义。

*：算法逻辑直观；不需要有程序设计或数据结构的背景知识；不需要特殊数学知识。

**：涉及一定的算法策略；如果实现需要有数据结构知识；某些数学知识对理解算法有一定的影响。

***：算法逻辑与日常思维差别较大；没有程序设计与数据结构知识背景的读者可能感到理解困难；算法基于特定数学理论的应用。

由于有关算法与相关数据结构是本书主要内容，相对讲解得比较详细，因而实际上在这两项上标为2或3颗*的问题对读者的背景知识的要求并不很高。

目　录

前言
章节内容难度标记说明
第 1 篇　游戏与算法 ………… 1
1　量水问题 ………… 2
2　一笔画问题 ………… 9
3　迷宫问题 ………… 17
4　拼块游戏 ………… 27
5　对弈游戏 ………… 38

第 2 篇　计算机基础算法 ………… 45
6　查找 ………… 46
7　排序 ………… 55
8　连通 ………… 64
9　连通的代价 ………… 75
10　数据压缩 ………… 84
11　最短路径 ………… 94
12　最大流量 ………… 106
13　凸包计算 ………… 117

第 3 篇　生活中的算法 ………… 127
14　选举 ………… 128
15　分类 ………… 137
16　聚类 ………… 147

17 投资 157
18 匹配 167
19 调度 176
20 密码 188
21 社会网络 197

第 4 篇 算术和代数问题 207
22 斐波那契数列 208
23 大数乘法三解 215
24 高次方程求解 223

参考文献 232

后记 234

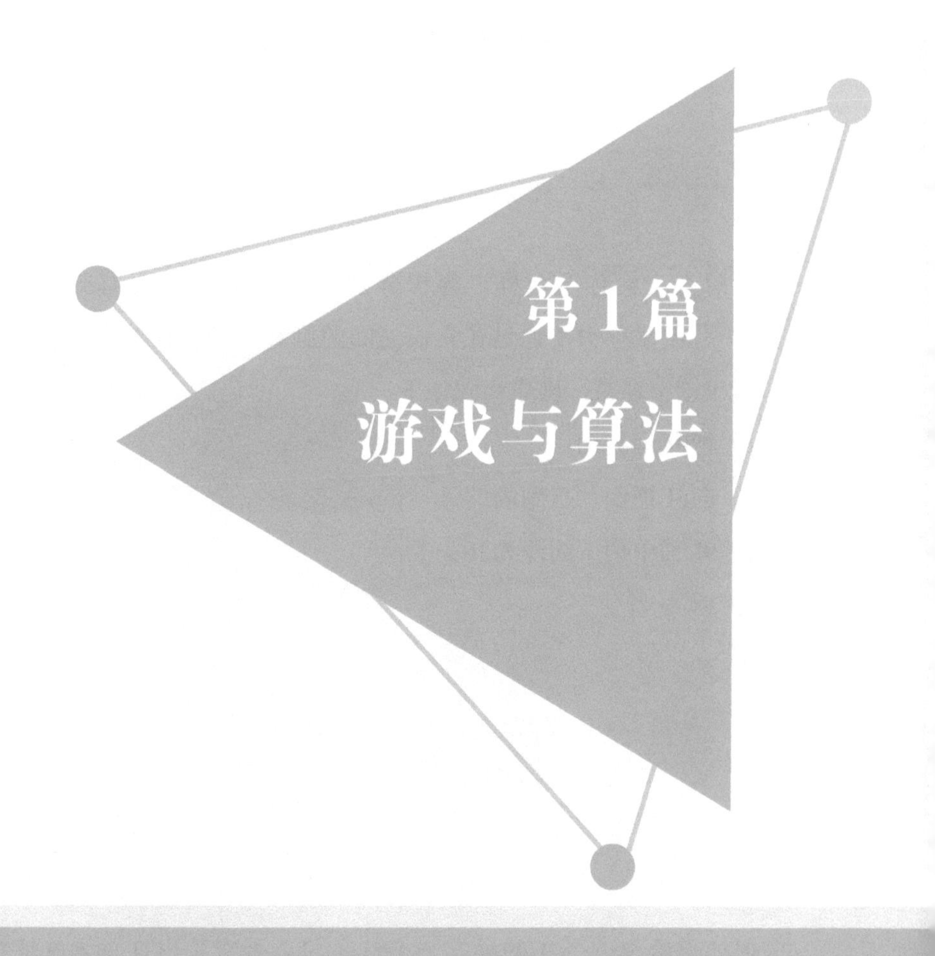

第1篇 游戏与算法

智力游戏，大都意味着是一个目标明确的过程，而过程常常是由若干步骤构成的。玩家要根据在每一步中出现的情况，决定下一步该怎么办。有时候，有些步骤在玩之前就需要规划出来，而有些时候，则只能走一步看一步。这样的特征与算法有着天然的联系。所不同的是，通常智力游戏的条件设置是固定的，例如一个棋盘就是那么大，而算法则可能将这种固定的设置参数化，从而可以一次性解决各种情况的问题。

1 量水问题

设想有人给你两个桶，容积分别是9L和6L，但没有刻度（见图1-1），要求你只能通过在它们之间的倒腾，量出3L的水来。怎么办？那应该很容易，操作步骤如下。

1）把9L桶装满；

2）向6L桶倒，直到满；

3）9L桶中剩下的即为3L。

图1-1　两个桶

但如果给你一个7L的桶，一个5L的桶，要求量出1L的水来呢？你大概需要想一想了，但也不难，也能很快给出一个“操作序列”，也就是人们通常说的算法了。不过我们下面要讨论的是，如果给你一个aL的桶，一个bL的桶，要求量出tL的水来，是否有可能？如果可能，实施的步骤如何？这就成为一个计算机算法问题了。

下面，我们还是从具体的情形开始，逐步得到一般的解。

假设有两个桶，容积分别是9L和6L，但桶没有刻度，所以只有当桶全满时，我们才能直接判定其中的水量。很容易推想出，如果桶并非全满，只有在很有限的条件下才能间接判定某个桶中的水量。我们假设有足够的水源，可以向某个桶中灌水（确保不溢出），也可以从一个桶中将水灌入另一个桶，或者灌回水源。

我们的第一个问题是利用这两个桶能够精确量出的最小水量是多少？显然只需要考虑正整数值。由于9和6的最大公约数是3，我们不妨定义一个可称之为“超升”的单位，每“超升”等于普通的3L。于是原来的两个桶容量分别是3超升和2超升。可以精确量出的最小水量是1超升，即3L。

我们来回顾一下简单的数论知识：任给两个正整数a、b，表达式ax+by（x、y为整数）称为a、b的线性组合。既然式子中每项均可被a、b的最大公约数整除，显然这个式子的最小正值就是a、b的最大公约数。这就说明不可能量出少于3L（即1超升）的水来。（为什么上述线性组合可以看作在两个桶之间倒水的任意过程的抽象？这个问题留给读者自己思考。）

接下来我们进一步考虑：如果任给一个正整数t，你是否能利用这两个没有刻度的桶量出恰好tL水？

乍看上去这个问题有点复杂。可细想一下便可知，只要能量出恰好1L水，将量出1L的过程重复若干次便可以量出任意正整数升水。

那么是否能量出1L水呢？先看一个简单的例子：假设有A、B两个桶，其容积分别为A=7L，B=5L。略试一下就能给出如下操作序列：

1）将B充满，现在B中有5L水，A为空。

2）从B向A中倒5L水，现在B又恢复为空，A中有5L。

3）再将B充满。

4）从B向A中倒2L水（A已满），现在B尚余3L；随即将A

倒空。

5）将B中剩下的3L水全部倒入A，现在A中有3L，B又恢复为空。

6）再将B充满。

7）从B中向A倒4L水（A已满），随即将A倒空。

8）此时B中的水恰好为1L。

其实第7步中是否将A倒空对结果没有影响，但这使我们能清楚地看出在这个过程中总是在B空时将其充满（3次），而A满时随即倒空（2次），其数学模型即：$5\times3-7\times2=1$。

回到前面的一般情况，任给两个正整数a、b（对应于两个水桶的容积），如果能找到两个整数x、y，满足$ax+by=1$，就能量出1L水（实施过程后面再介绍）。那么这样的x、y一定有吗？根据前面提到的数论知识可知，只要a、b的最大公约数是1（即它们互质），就一定能找到适当的x、y，使上面的线性组合式值为1。

现在就可以将问题归结为：

1）任给两个非负整数，它们的最大公约数是什么，是1吗？

2）如果是1，那么需要的x、y是什么？

怎样能让计算机帮我们解决这个问题？计算机通过算法解题，首先得明确什么是“问题”，或者更具体地说什么是“算法问题”。

在小学数学课上，老师可能会让同学们计算“18和27的最大公约数是多少？”对于计算机算法，这不是“问题”，而是“求最大公约数问题”的一个实例。最大公约数问题是包含无穷多个这样实例的集合。那么问题究竟该如何表述？

将问题表述为对条件和结果的精确描述被称为输入/输出。输入说明所有允许的实例必须满足的条件，而输出则描述正确的计算结果必须满足的条件（注意：这里隐含地要求算法必须给出结果）。

这样，上面归结出的问题可表述为：

问题1

输入：两个不全为零的非负整数a、b（在水桶的例子中只会出现正整数，这里的模型扩展为非负整数）。

输出：整数d=GCD（a，b）。

问题2

输入：两个非负整数a、b，且GCD（a，b）=1。

输出：两个整数x、y，满足ax+by=1。

对于任给的两个非负整数，如果其中一个是0，立刻就可以知道最大公约数就等于另一个数。

如果a、b都不是0，很容易理解，x、y中一定有一个是负值。这一点使我们一定可以给出一个针对上述倒水问题的操作序列。

为了更容易解释算法，先解第一个问题，然后只需稍加拓展就可以用一个算法同时解上述两个问题。

如果两个数都不是0，用gcd(a, b)表示a、b的最大公约数，a mod b表示a除以b的余数（注意：如果a<b，则a除以b商为0，余数就是a）。考虑到a mod b可以表示为a−qb，这里q是一个整数，即b整除a的商，很容易证明：gcd(a, b)可以整除gcd(b, a mod b)，反之，gcd(b, a mod b)也可以整除gcd(a, b)。这就意味着这两个最大公约数相等。

这个数学结论的算法意义在哪里？其实，既然gcd(a, b)=gcd(b,

a mod b)，而且a mod b一定小于b，就可以用递归的方法计算gcd(a, b)。

下面的算法称为欧几里得算法，是公元前300年前后古希腊的欧几里得提出的计算最大公约数方法（计算机历史学者认为这是已知的最古老的算法），算法如下。

```
Euclid(a,b)  #a和b是不全为0的非负整数
1  if b=0
2      then return a  # 递归的终止条件
3      else return Euclid(b, a mod b)  # 递归，用gcd(b, a mod b)作为结果
```

如果输入是前面水桶问题中提到的7和5，则计算过程如下：

$$gcd(7, 5)=gcd(5, 2)=gcd(2, 1)=gcd(1, 0)=1$$

这里执行递归调用3次。读者可以考虑一下，为什么这个算法并不要求输入a>b？

前面的分析可能已经使读者相信这个算法一定是正确的。真是如此吗？

算法正确是指：如果输入满足规定的条件，算法一定能终止，并输出正确的解，即输出满足问题定义的要求。这里隐含着一个要求：算法必须得有输出。所谓“有输出”就是“算法必须终止”。那么欧几里得算法为什么一定会终止？为什么不会永远递归下去？根据余数的数学性质，余数值一定小于除数，这就意味着每递归一次，算法中b的值一定会严格下降，每次下降的幅度一定是整数。因此经过有限次递归，b一定会等于0。根据算法，当b=0便不再继续递归了，直接返回结果。

对于一个计算机算法，除了考虑正确性，还关心计算的代价，即

复杂性。从时间代价上看，我们关心欧几里得算法对特定的输入究竟要经过多少次递归才能得到结果（b=0）。这个问题可不像看上去那么简单。读者不妨先想一想，a、b的值会怎样影响递归次数，后面将讨论斐波那契序列，那时我们再给出一个比较明确的分析结果。

现在再来考虑第二个问题，即如何找出线性组合中两个待定系数x、y。这里必须输出3个值：gcd(a, b)、x和y，算法描述中就用这个顺序表示，为了看上去简洁，令d=gcd(a, b)，d'=gcd(b, a mod b)。

首先看递归终止条件，即b=0，此时d(a, 0)=ax+by=a，所以输出是(a, 1, 0)。欧几里得算法之所以非常简单，是因为d和d'相等，直接输出即可。现在需要搞清楚，如果d'=bx'+(a mod b)y'，d=ax+by，那么如何用x'与y'来表示x、y？

因为d=d'，所以$d=bx'+(a \bmod b)y'=bx'+(a-\lfloor a/b \rfloor b)y'=ay'+b(x'-\lfloor a/b \rfloor y')$因此x=y', $y=x'-\lfloor a/b \rfloor y'$。这里，$\lfloor a/b \rfloor$是a除以b的商的整数部分，所以$a \bmod b=a-\lfloor a/b \rfloor b$。

直接将这两个关系式加入欧几里得算法，便可得到能同时计算x、y的扩充的欧几里得算法：

```
Extended-Euclid(a,b)
1    if b=0
2        then return (a,1,0)
3    (d', x', y') ← Extended-Euclid(b, a mod b)
4    (d, x, y) ← (d', y', x'−⌊a/b⌋y')
5    return (d, x, y)
```

我们来计算gcd(19, 11)，经过5次递归，依次为(11, 8)、(8, 3)、(3, 2)、(2, 1)、(1, 0)，得到最大公约数d=1。假设从下往上表示相应的(x_i, y_i) (i=1，2, …, 6)，见表1-1。

表1-1　x_i、y_i计算结果

i	1	2	3	4	5	6
x_i	1	0	1	−1	3	−4
y_i	0	1	−1	3	−4	7

由此可知：$(-4)\times19+7\times11=1$。

回到量水的问题，假如我们有两个容量分别为19L和11L的水桶。通过上述计算可知，将容量为11L的桶充满7次，容量为19L的桶倒空4次，就得到了1L水。任给正整数t，利用这两个水桶将上述过程重复t次，就可以量出tL水来。

如果a和b的最大公约数d>1，那就不可能量出小于dL的水量来。而且，同样的思路可以量出的只能是d的倍数，即“超升”数。具体过程则和d=1时完全一样。

在这个基础上你能否编写一个算法，不但可以判断给出的水桶条件(a, b)是否能对任意正整数t，量出恰好tL的水，并且能够输出具体操作的过程。这里需要注意何时应该充满一个水桶，何时应该倒空一个水桶，并跟踪半满的状况。

2 一笔画问题

前面我们通过量水问题的导入，介绍了人类史上有记载的第一个算法——2000多年前的欧几里得算法。一个相似的算法在我国东汉时期的《九章算术》中也有出现，称为“更相减损”法。下面我们穿越到300年前，看看那时人们关心的另一个问题与算法有什么关系。

18世纪初，普鲁士的哥尼斯堡（现为俄罗斯的加里宁格勒）中有一去处，其中有7座桥跨越一些河汊将4块陆地联系起来，如图1-2a所示。

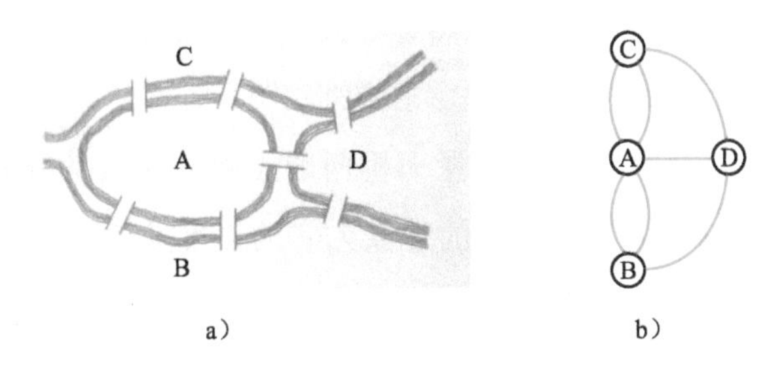

图1-2 哥尼斯堡七桥问题示意图

图中，陆地用A、B、C、D表示。其中A看起来像是一个小岛，由河水包围，但有5座桥将它和其他的陆地相连。而D则有3座桥分别与A、B和C相连。

当时人们关心的问题是，有没有可能从一块陆地出发，经过且只经过每座桥1次，返回原地。没有人成功，但人们并不甘心。直到1736年，数学家欧拉研究了这个问题，告诉大家：不可能有人成功。

将图1-2a所示的哥尼斯堡七桥图示做一种抽象，得到图1-2b。其中标有A、B、C、D的圆圈，称为“节点”，对应4块陆地，还有节点之间的连线，称为“边”，对应7座桥。一条边关联的两个节点称为

“相邻节点”，对应所连接的两块陆地。于是，哥尼斯堡七桥问题就变成图1-2b的“一笔画问题”，即能否从一个节点开始，沿着一条边到它的某一个相邻节点，如此继续，最后返回出发节点，中间每条边恰好经过1次。

上面这种抽象很重要。图1-2b所示的由节点和边构成的对象，在数学上称为“图”，与之相关有一整套理论，称为“图论”。数学史认定欧拉对哥尼斯堡七桥问题的解决即为图论的开端。在图论中，如果能从一个节点v开始，沿着一条边到它的某一个相邻节点，如此继续，最后到达节点u，则称v和u之间存在一条路（或路径、通路）。如果u=v，则称有一条回路。不熟悉这类术语的读者可以参阅本书第8个算法“连通”，其中有相关概念的详细说明。

欧拉是怎么得出哥尼斯堡七桥问题无解的结论的呢？考虑任意一个图，称与一个节点关联的边数为它的“度数”[㊀]（例如，图1-2b中，节点A、B、C、D的度数分别为5、3、3、3），欧拉证明了一个一般性的结论（定理）：

在一个连通图上可以实现“一笔画”，当且仅当该图上奇数度节点的个数为0或2。

其中，“连通图”是什么意思？简而言之，连通图就是从一个节点出发沿着边穿越，可以到达任意一个节点。这在哥尼斯堡七桥问题背景下是不言自明的，但一个图可以是不连通的，而不连通的图谈不上一笔画。因此作为数学定理，需要严谨地加以限定。

欧拉定理中的“一笔画”有两种含义：对于节点度数均为偶数的情形，一笔画可以从任意节点开始，返回原处；对于有两个奇数度节

㊀ 图中节点的度数与图的边数有这样的关系：所有节点的度数之和等于边数的两倍。此关系也被称为“图论第一定理”。

点的情形，一笔画从其中之一开始，到另一个奇数度节点结束。

那么，上述这些与算法有什么关系？欧拉定理告诉我们的是如何判断能或不能。例如，哥尼斯堡七桥问题中，4个节点的度数都是奇数，则做不到一笔画，既不能返回原地，也不可能从一个节点出发经每条边恰好一次，到另一个节点结束。在其他情形下，如果按照欧拉定理判断结果为“能”，具体怎么做？这就是下面要讨论的算法问题了。

为了叙述方便，以下称满足欧拉定理条件的图为欧拉图[㊀]，所完成的一笔画在无奇数度节点的情形下称为“欧拉回路”，在2个奇数度节点的情形下称为“欧拉路径”。先看一个例子，如图1-3a所示。每一个节点的度都是偶数，按照欧拉定理是一定可以做一笔画的。

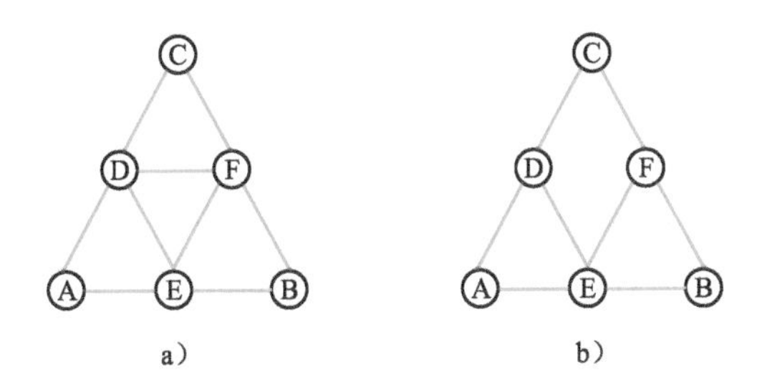

图1-3　两个符合欧拉定理条件的图

不妨从节点A开始，你会发现一些走法实际上不能成功。例如，A—E—D—F—C，然后就会发现走不下去了，能回到A，但漏掉了3条边。但也能很快发现一条成功的道路：A—E—B—F—E—D—F—C—D—A。当然，还有其他可能。再看图1-3b，节点D和F的度为奇数，我们应该能从D一笔画到F，如D—E—A—D—C—F—E—B—F。总之，如果问题中的图比较复杂，要找到一条欧拉回路或欧拉路径是有难度的。

㊀ 在有些文献中，欧拉图仅指节点度均为偶数的连通图，不包括有两个奇数度节点的。

下面要介绍的是弗罗莱（Fleury，法国数学家）算法。

回顾刚才图1-3a的例子，分析一下开始的做法为什么会失败。图1-4是问题中的图在尝试做A—E—D—F—C时的变化序列。由于一笔画要求每条边只能用一次，这就等价于每画过一条边就把它从图中删除。

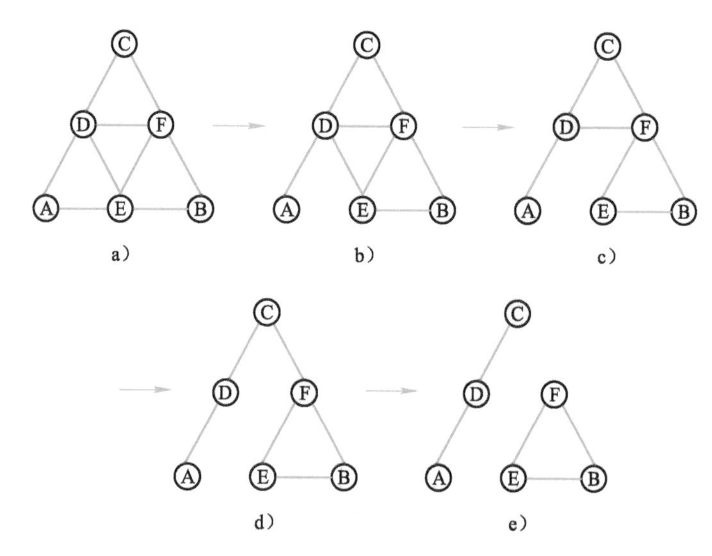

图1-4　启发弗罗莱算法的示意图

可以看到，问题出在到达节点F后再往C走就“断了后路”，不可能返回画F—E、E—B和B—F边了。图1-4中有5个图，其中的图1-4e就是一个“非连通”图，它有两个“连通分量”，不同连通分量中的节点之间没有通路。

因此，当从D到达节点F后，接着画F—C就错了。图1-4d中像F—C这样的边有一个特别的名称“桥”㊀，意指去掉它就会导致图出现两

㊀ 注意，这里的“桥”不是哥尼斯堡七桥问题中的桥，而是图论中的一个术语，指满足特定性质（删除它会导致图的不连通）的边。

个分离的部分。那在节点F时还有没有其他选择呢？有的，那就是F—E。接着就是E—B、B—F、F—C、C—D和D—A，完成一笔画[一]。

现在，我们可以给出弗罗莱算法的描述了。

输入：一个节点度数均为偶数或只有两个奇数度节点的连通图（即欧拉图）G。

输出：一个从任意节点（在有奇数度节点的情形下则是任一奇数度节点）开始的，由相继边表示的边序列。图G中每条边出现且仅出现1次。

```
Fleury-Euler (G)
1    x←如果图中有奇数度节点，取任一奇数度节点，否则取任意节点
2    如果x有关联的边，做：
3        若关联边中有不是桥的边，则取其中任一条，否则取桥；
         记n为该边的另一端点，做：
4            输出边x—n；
5            从G中删去一条[二]x—n边；
6            x←n；
7        回到2；
8    结束
```

有了上面的讨论，这个算法的基本思路应该很清楚了。为体会细节，读者不妨自己编几个例子试试。下面着重分析算法的性质。我们关心三个问题：算法会结束吗？算法为什么保证给出一个欧拉回路或欧拉路径？算法的效率如何？

为了便于讨论这些问题，不妨称算法中的x为“当前节点”，它是一笔画过程中刚刚到达且即将离开的节点。我们将利用一个认识：在算法过程中，尽管不断删除边，但留下的图总保持是欧拉图（去掉

㊀ 细心的读者可能注意到，当到达了节点E，接着画E—B，也会造成一个非连通图（其中有一个连通分量，即单个节点E，没有边）。这是没问题的，因为不用“再回来”。

㊁ 注意，这里说的是“一条”。在我们讨论的图中，两个节点之间可能有多条边。

已成为孤点的节点），且当前节点是算法的合法起始节点。

为体会这个认识的正确性，设起始节点为a，第一条画过的边为a—x。我们来看留下的图H=G−(a—x)是否符合要求。分两种情况考虑。

1）G没有奇数度节点。那么H就有2个奇数度节点a和x。而由于a—x不是G的桥，所以H保持连通。这说明H是一个欧拉图。而现在的当前节点是x（奇数度），即为一个合法的起始节点。

2）G有2个奇数度节点a和b。分两个子情况：

① b≠x。那么H中依然有2个奇数度节点b和x。同上理由，H保持连通。这说明H是一个欧拉图。而现在的当前节点是x（奇数度），即为一个合法的起始节点。

② b=x。那么H中现在都是偶数度节点，保持连通（除去a为孤点的情形），即H是一个任何节点都可以作为算法起始节点的欧拉图，当前节点x自然也就是合法的。

通过上述分析可用归纳法的思想来证明算法的性质。

首先当G只有1条边或2条边，如图1-5所示，不难验证算法既可以结束，也可以给出欧拉路径或欧拉回路。

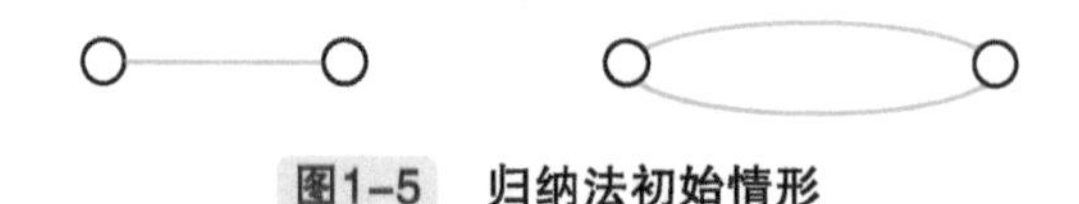

图1–5　归纳法初始情形

设算法对所有边数为m的欧拉图都能正常工作，其中m是某个大于等于2的数。

现在考虑G有m+1条边。不妨先假设有2个奇数度节点a和b的情形。算法执行删去一条边a—x后，面对少了一条边的实例H（前面情况2的①或②），现在要看的是，在新实例中目标的达成是否等价于在先前G中目标的达成。

不难看到，如果是情况①，新实例就要从x出发，一笔画到b，对应到初始节点，就是从a一笔画到b了。如果是情况②，新实例就要从x出发，一笔画回自己，对应到初始节点，也就是从a一笔画到b了。

在G的节点度都是偶数的情形（前面的情况1）下，算法执行删去一条边a—x后，面对少了一条边的实例H，也要看在新实例中目标的达成是否等价于先前G中目标的达成。事实上，此时a和x为奇数度节点，新实例就要从x出发，一笔画到a，对应到初始节点，就是从a一笔画到自己了。

由归纳法假设（算法对m条边的H能正常工作）可知，算法在G上即可结束，且根据要求输出一条欧拉路径或欧拉回路。这就完成了算法可终止性以及结果正确性的证明。

算法的效率如何？设输入图G有m条边。基于上面的分析可以看到，算法第2步执行的次数等于G中边的条数m。第3步要判断当前节点x的关联边x—n是否为桥，也就是判断去掉x—n是否会导致一个非连通图（不算x为孤点的情况）。这实际上是比较复杂的一件事情，一般也需要m次操作。考虑到第3步嵌套在第2步中，就可以说弗罗莱算法的复杂度是$O(m^2)$。弗罗莱算法在每画一条边的时候都要检查是否会导致不连通，这是它效率比较低的原因。

求解欧拉回路还有另外一个算法——Hierholzer算法，效率高很多，复杂度为$O(m)$，但逻辑上比弗罗莱算法复杂，此处略过。

与欧拉回路相关的有一个著名的“中国邮递员问题”，由曾经在山东师范大学工作的管梅谷先生于20世纪60年代提出并解决。该问题的应用背景是一个邮递员考虑如何优化自己的邮递路线。抽象出来就是面对一个边加权（表示该边的长度）的图（不一定是欧拉图），要求经过每条边至少一次（而不是恰好一次），并返回起始点，追求总路程最短。显然，如果面对的就是一个节点度均为偶数的欧拉图，则无论边上的权重如何，中国邮递员问题的解都是一条欧拉回路。

知识链接1 关于算法效率评估的表达

在计算机科学中，算法效率指其运行时间与输入数据规模的关系，常用某个函数来表达。不过，精确的表达一般难以做到，实践中人们采用一种具有“上界”意味的概念，称为“大O记法”。具体而言就是，若算法的效率是未知的g(n)，但知道一个函数f(n)，还知道对于充分大的n，存在常数c，满足$g(n) \leqslant c f(n)$，就可以说该算法的复杂度是$O(f(n))$。这样一个概念看起来粗略，但很好用。通常，说一个算法“效率高”，就是说它的“复杂度低”。例如，可以说求欧拉回路的Hierholzer算法比Fluery算法的效率高，也可以说Hierholzer算法比Fluery算法的复杂度低。

知识链接2 图论基本术语

文中用到一些图论的术语概念。我们采用的方式是在行文中根据需要引入，而不是事先将它们一一列举出来作为前导知识。尽管如此，本书第8个算法“连通”中还是谈及了一些与连通有关的概念，需要的读者可以先行阅读。

3 迷宫问题

“走迷宫”要求在一个复杂道路系统中根据指定起点与终点寻找可行路径。希腊神话中，克里特岛地下迷宫藏着一个怪兽，当地人必须每年送7对少年男女给它作为祭品。英雄忒修斯主动充当祭品，被送入迷宫。他用宝剑杀死了怪兽，并借助悄悄带入的毛线团顺利地走出了迷宫。

迷宫的神话色彩已淹没在历史的烟尘中，如今迷宫成了一种广为流传的智力游戏。在网络上用关键字“maze”能搜索到大量有关迷宫的网页，既有形式多样的迷宫图案，也有可以按用户输入参数自动生成迷宫的软件。图1-6就是按照6×6和20×20两个输入参数分别得到的两个输出（迷宫）。

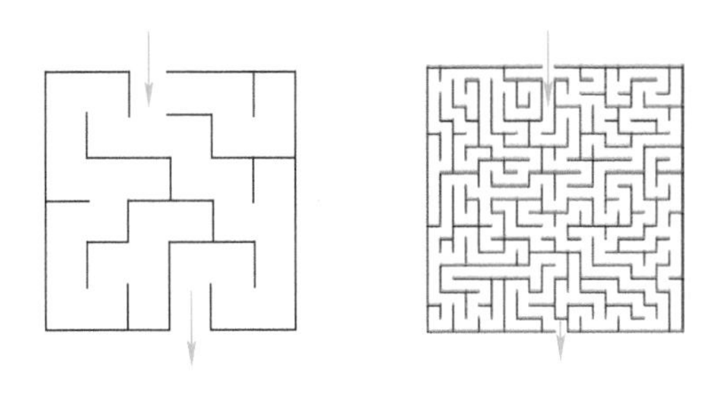

图1-6　两个迷宫图

为了增加趣味性，迷宫的形式非常多，下面只讨论上图所示的二维矩形迷宫。每个迷宫有指定的入口与要求到达的终点。终点可以是迷宫对外的出口，也可以是迷宫内部的某个位置（例如克里特迷宫中怪兽隐藏的地方）。为了与迷宫内部特定位置的出入口区分，我们用entry表示迷宫的入口，用exit表示终点（不一定是对外的出口）。

如果有整个迷宫的地图，则走迷宫变得很简单，只需将所有“断头路”用颜色块堵死，正确的路径自然会显现，如图1-7所示。

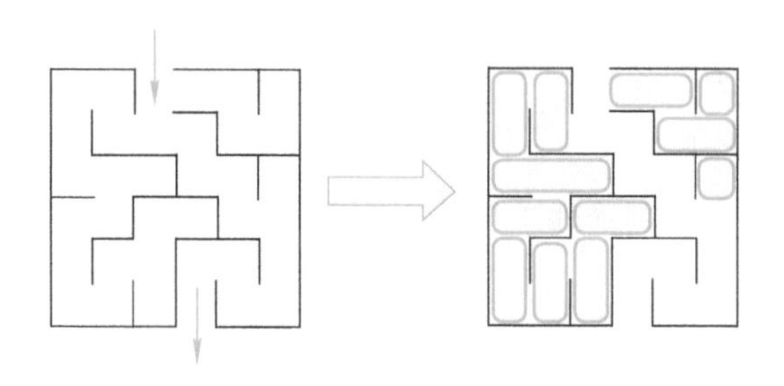

图1-7　找到正确路径

但是当我们身处迷宫之中，周围被高墙阻挡，只能看到前后左右的很小范围时，必须“走一步，看一步”。许多人都知道走迷宫的“右手法则”：如果从entry能够通达exit，那么只要始终用手摸着右边（也可以始终摸着左边）墙壁前行，必定能找到exit。但是这个方法对图1-8这样的终点在内部且有回路的迷宫不适用。

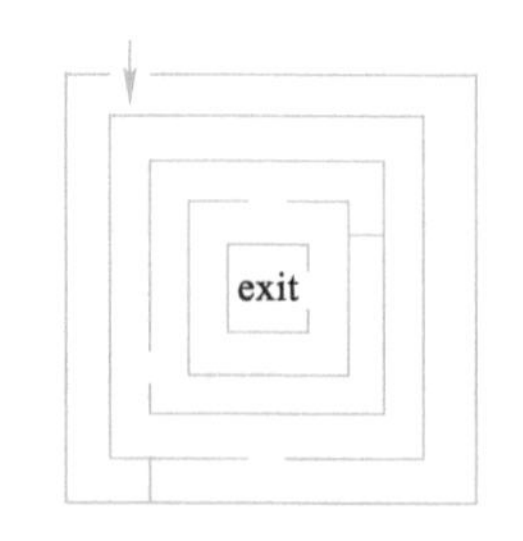

图1-8　终点在内部且有回路的一种迷宫

我们需要一个普遍适用的策略。由于只能走一步看一步，能够选择的策略其实很简单：尝试+纠错。尝试是指只要还有路可选就试着往前走，而纠错的意思是如果没发现exit却遇到了死胡同，就说明前一个路口选错了方向，只能原路折返，试图重新选择。这个策略可表述如下（假设entry与exit不相同）：

```
1  从entry开始；
2  while 当前位置仍有可用的出口
3      选择一个可用出口持续前行；
4      if 遇到exit then成功结束；
5      if已没有出口可用then沿来路回溯到最近的有出口可选的位置；
6      if 回溯过程中未遇到有出口可选的位置 then 退到entry；
7      转到第2行继续进行；
8  entry与exit之间不存在可行的路径，过程终止。
```

怎么确定什么出口是可用的？原则是已经用过的出口不能在相同方向上再用，那不但对解题无意义，还可能陷入死循环。而相反方向只会在回溯时用一次。

我们采用一种非常聪明也非常简单的方法解决上述问题：第一次进入某个岔路口（包括entry）时，将进入的通道口贴上灰色纸条，选定出口后也在出口处贴上灰色纸条再继续前行，对途中经过的岔路口都做同样处理。如果走到“死胡同”，则必须折返，即回溯。回溯经过的路口一定贴有灰色纸条，这是为什么？将它换成黑色纸条，这个出口以后哪个方向也不会再被经过了。对于不是“死胡同”的岔路口，当所有出口均已贴上纸条，其中只有一个还是灰色的（为什么？），我们只能从灰色出口回溯，并在离开时将此出口的纸条换成黑色。贴纸条的办法能避免在同一个路段上的同方向走多次，但不能保证不会再次访问前面已经到过的位置。这会影响效率，但不会导致出错。

如果我们希望将“策略”提升为算法，并能够自动输出走迷宫的路径，就必须要对迷宫建立更精细的模型。

前面介绍过图模型的基本概念。我们以6×6的矩形迷宫为例，它可以很直观地抽象为图1-9左边的图模型。这个模型有些位置对于选择路径并不重要，因为没有选择只能按原方向前行。图1-9右边的图模型被转为浅色的节点即是如此。

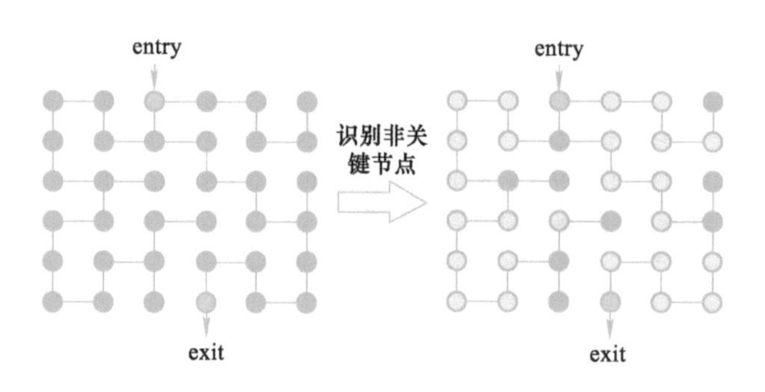

图1-9　从迷宫阵型到图模型

接下来可以“旁路”浅色的非关键节点，即在图中让完全由非关键节点构成的路段前后两个关键节点直接相邻，如图1-10所示。注意：保留或旁路非关键节点对走迷宫的结果没有影响，但图模型的规模缩小了会使模型更加简洁并提高解题的效率。

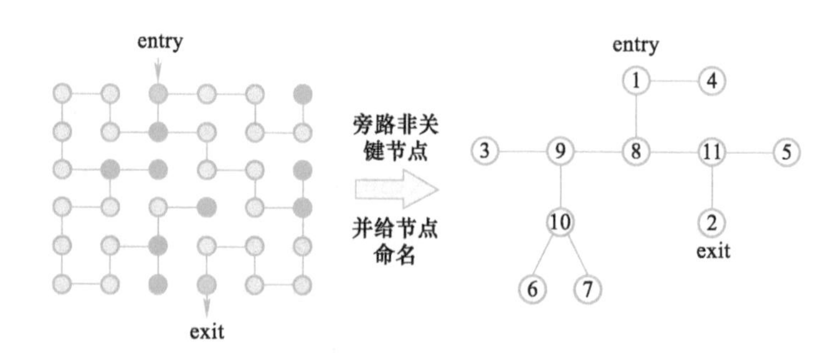

图1-10　图模型的简化

当我们回溯到entry时，没有找到exit，但已没有尚未探索过的路段可选，就可以确认输入的迷宫中不存在从entry到exit的可行路径。

针对这样的图模型，有多种算法可以输出从entry到exit的通路（如果存在）。下面给出与前面解释的“策略”最相似的算法。注意，由于只对关键节点建模，相邻的关键节点在图中的距离就是“一步”。“走一步，看一步”意味着我们能“看到”前面那个节点，所以在岔路口各出口贴纸条的做法在算法中改为给节点置颜色。这样不仅处理起来简便了，而且可以避免选择虽然没有走过却会将我们引到前面访问过的节点的路段。

算法中的route是供最后输出解路径用的，采用堆栈实现，找到exit后递归过程沿灰色节点返回entry，每次return之前将当前节点入栈，最后Maze过程逐个退栈并打印。也可以不另外定义route，利用递归的参数传递机制直接输出结果路径上的节点，但是是按相反次序排列的。

```
Maze(M, entry, exit, route)   # M是迷宫的图模型，
                              # entry与exit是迷宫的指定进口与出口
1  将所有的节点置成白色        # 所谓“置色”对程序而言，
                              # 不过是设个标号而已
2  status=false; # status是表示是否顺利到达出口的标志变量
3  将entry置为灰色；
4  while entry的相邻点中还有白色节点且status=false
5      从entry的白色邻点中任选一个v;
6      status=Try(M, v, exit, route)；  # 从entry任选一条可用的出路
                                        # 递归地搜寻exit
7  if status=false then
8      print ("不存在从entry到exit的可行路径。")
9  else
10     print ("The route from entry to exit:", entry);
```

```
11     while route不空
12         v = pop(route);
13         print (v);
14   end.
```

```
Boolean Try(M, v, exit, route) # 采用递归的方法从当前位置开始搜索exit
1   将v置为灰色；
2   if v=exit then
3     push (route, v);
4     将v置为黑色；
5     return true.  #成功找到迷宫的exit
6   else
7     while v有白色的相邻顶点并且status=false # 当前尚有有用出口，
                                              # 且exit还未找到
8         从v的白色邻点中任选一个w;
9         status = Try(M, w, exit, route );
10        if status = true then push (route, v);
11        将v置为黑色；
12  return status.
```

这个算法可以看作图深度优先搜索算法的简化。深度优先算法没有指定的终点，要求遍历图中所有节点。这里只需访问entry能够达到的顶点，而且一旦找到exit，算法就终止了。深度优先算法中图的每条边最多经过两次（搜寻与回溯各一次），所以其代价是O(m+n), m、n分别表示边数与点数，写为m+n是为了兼顾图中没有边的情况。所以上述走迷宫算法的复杂度为O(m)。

矩形迷宫的图模型中每个点关联的边数最多是4，因此对于点较多的图采用链表数组的方式表示其存储的效率远高于邻接矩阵。每个链表长度都不会大于4，搜索效率也很高。本例用链表数组表示的结构如图1-11所示（注意无向图表示的对称性）。

1	4	8	Nil	
2	11	Nil		
3	9	Nil		
4	1	Nil		
5	11	Nil		
6	10	Nil		
7	10	Nil		
8	1	9	11	Nil
9	3	8	10	Nil
10	6	7	9	Nil
11	2	5	8	Nil

图1-11　迷宫图模型的链表数组表示

这个例子中entry为1，exit为2，如果每次选择时采用节点编号从小到大的顺序，则算法的访问序列为**1**，4，1，**8**，9，3，9，10，6，10，7，10，9，8，**11**，**2**（成功），黑体字表示最终输出。

读者一定会想：在图模型上走迷宫当然容易，但我看的是纸上画的迷宫，如何构造相应的图？前面介绍的基于迷宫“关键节点”的做法并不复杂，但当迷宫很大时却非常烦琐。是否可以将构造模型的过程也算法化？我们仔细考察一下迷宫的结构。我们提到的迷宫中的“位置”，并不是平面上的一个点，而是一个小矩形空间。参照图1-12，我们将迷宫看作对一个含m×n个小格子的方阵“加工”得到的结果。

“加工”方式就是“拆墙”。图1-12左边的图可以看成由6×6个小房间拼接而成，包围它们的“外墙”与分隔它们的“内墙”均是拼装的，可分别选择“拆除”。拆除两块外墙板和若干内墙板就得到图1-12右侧的迷宫。建模算法的基本思想是：小矩形空间表示为图中的节点，初始模型表示所有m×n个顶点的空图（没有边），也就是初始网格的图模型。然后根据拆除的"墙板"位置在初始图中逐步加边。该加的边都加入后，根据前面对迷宫内不同位置的讨论，将图中所有端点度数大于2，但中间节点度数等于2的通路的中间节点删除，在通路两端节点之间加一条边。算法概要如下。

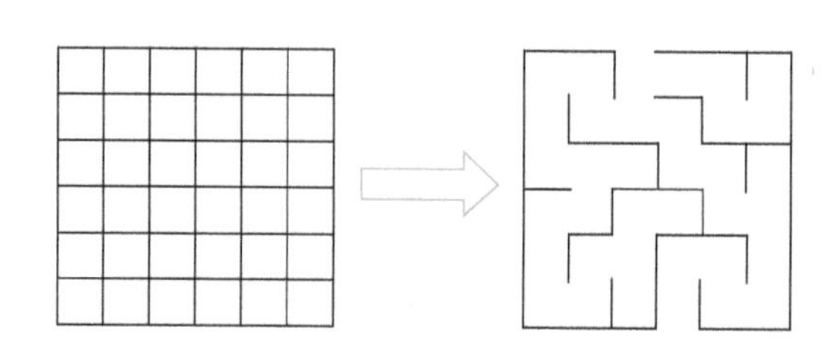

图1-12　迷宫阵型的形成原理

首先必须选择合适方式为图1-12中的节点与迷宫中的隔墙编号。目的是通过隔墙能方便地计算其两侧的节点。令初始网格的图模型中的节点分别为$v_1, v_2, \cdots, v_{m\times n}$，自上向下逐行从左向右依次编号，例如，前面例子中的点为$v_1, v_2, \cdots, v_{36}$。隔墙的编号复杂一些，考虑删除的不同效果，必须区分是纵向还是横向。显然只需要考虑内墙，因为entry、exit的指定不需要像纸上那样靠外墙开口确定。m×n迷宫图模型开始时纵向与横向隔墙数分别为m×(n−1)和(m−1)×n。最直接的方法就是用整数对(x，y)表示所在的行和列，为了区分，可以令纵向编号从(+1，+1)开始递增，而横向编号从(−1，−1)开始递减。对应纵向隔墙，$1\leqslant x\leqslant m$，$1\leqslant y\leqslant n-1$；对应横向隔墙，$1\leqslant x\leqslant m-1$，$1\leqslant y\leqslant n$。例子中删除的纵向内隔墙依次为[(1，1)，(1，3)，(1，4)；(2，2)，(2，3)，(2，5)；(3，1)，(3，2)，(3，4)；…]；删除的横向内隔墙依次为[(−1，−1)，(−1，−2)，(−1，−3)，(−1，−5)，(−1，−6)；(−2，−1)，(−2，−4)；(−3，−2)，

(−3，−5)，(−3，−6)；…]。我们用一个文件作为删除隔墙列表输入，文件中元素的排列次序对结果没有影响。

确定了编号方式，建立图模型的算法并不复杂，如下所示：

```
MazeGraph (m, n, entry, exit, erase) # m、n是迷宫大小，
                                     # erase包括需要删除的隔墙号
1  创建一个指针数组maze，大小为m×n，元素初始化为nil；# 图中不含边
2  while 尚未达到文件erase结束符
3      (x,y) = read (erase);
4      if x>0 then
5        index=(x−1)*n+y；# index为隔墙左侧顶点在指针数组中的下标
6        将顶点(index+1)插入maze[index]指向的链表；
7        将顶点(index)插入maze[index+1]指向的链表；
8      else
9        index=(−x−1)*n+y；# index为隔墙上方顶点在指针数组中的下标
10       将顶点(index+n)插入maze[index]指向的链表；
11       将顶点(index)插入maze[index+n]指向的链表；
12 for maze中所有的2次顶点u  # 为方便可在数组项上
                              # 加参数累计插入顶点数
13       # 假设u的两个邻点为v、w
14       将顶点(v)插入maze[w]指向的链表；
15       将顶点(w)插入maze[v]指向的链表；
16       分别从maze[v]和maze[w]指向的链表中删除顶点u；
17       maze[u] = nil; # 没有真正“删除”。动态调整数组大小不方便，
                        # u已成为图中的孤立点，不会被访问到，
                        # 只是浪费一点存储空间而已
18 根据输入设置entry和exit  # 例如在例子中，entry=v3, exit=v33
19 end
```

读者很容易想到，同样的“拆墙”方法可用于计算机自动生成

矩形迷宫。建模是输入指定拆除的隔墙，而生成则由计算机随机产生需要拆除的隔墙。但如果希望生成的结果有解并且有趣，则生成的迷宫要保证entry确实有路径到达exit，而且在满足这一要求的前提下拆除的隔墙尽可能少。为此需要一种数据结构能使我们在拆除隔墙过程中随时跟踪两个指定的顶点是否已经连通。如果随机选定的隔墙两侧的顶点原来就连通则放弃拆除。一旦entry与exit已连通则终止建迷宫算法。

4 拼块游戏

“人工智能”无疑是当前最流行的词语之一。不过现在能看到的智能应用技术，包括机器学习，基本上还无法得到脑科学等研究成果的直接支撑。这些应用的成功在很大程度上还是依赖于计算机科学技术领域内的算法创新。下面我们以一种智力游戏为例，体会应用层面上的“智能”背后的算法支撑。

1. 涂色方块拼接游戏

在平面上的矩形框内有m×n个小方块，按照m行n列排放。每个方块面上被两条对角线分为4个三角形区域。每个三角形可以从4种颜色中任选一种着色，如图1-13所示（在后面的讨论与算法实现中用数字表示颜色）。

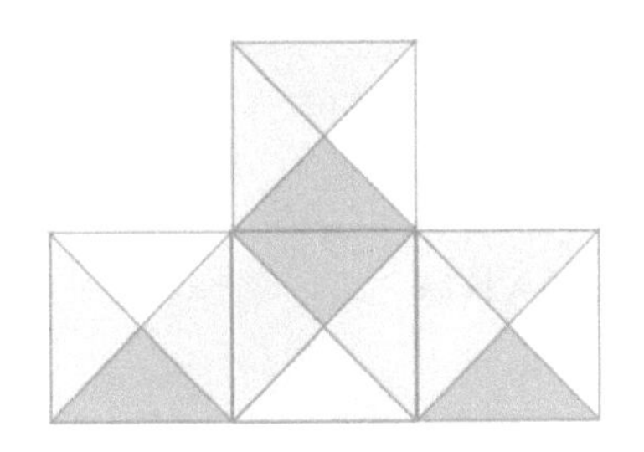

图1-13　三角形区域

给定一种排列，相邻方块邻接边两侧的三角形区域颜色可能相同也可能不同，如图1-14所示。任意给定的m×n个方块在矩形框中按某种排列构成游戏的一次输入，对其内部任意边界线段（不包括贴框的边），若两侧的三角形颜色相同则记1分。玩家每一步可任选两个方块相互交换位置（也称“置换”），但不可旋转，通过置换操作争取尽可能的高分，置换次数并无限制（显然，内部边界线段数是可能的最高分）。

图1-14中是一个3×4的例子。以下约定：输入中的每个小方块用集合{1，2，3，4}中元素构成的一个四元组表示。从顶部起始，按照顺时针方向标识相应三角区中的颜色，例如图1-14中第一行输入是(1，1，2，2)，(3，1，1，4)，(3，2，4，4)，(2，4，1，3)。

这个例子很简单，不难看出其得分值为6，如图1-15所示。同样也不难看出如果交换最下面一行中第1和第4个小方块，则得到如图1-16的布局，分值增加为8。

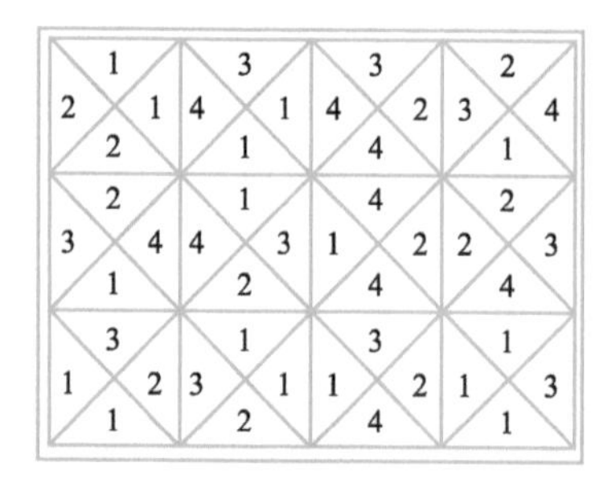

图1-14　一个输入格局

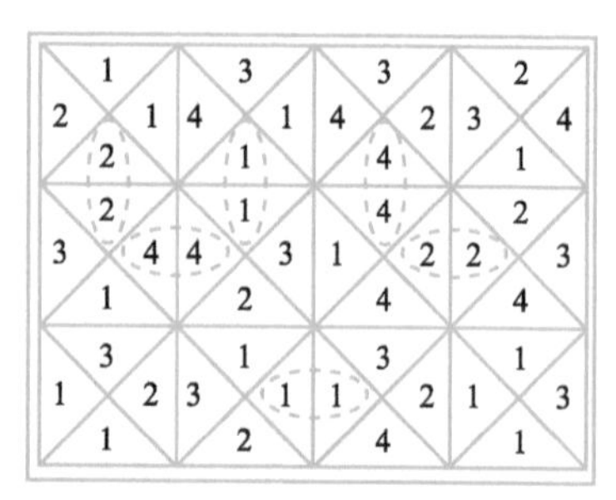

图1-15　计算特定格局的分值

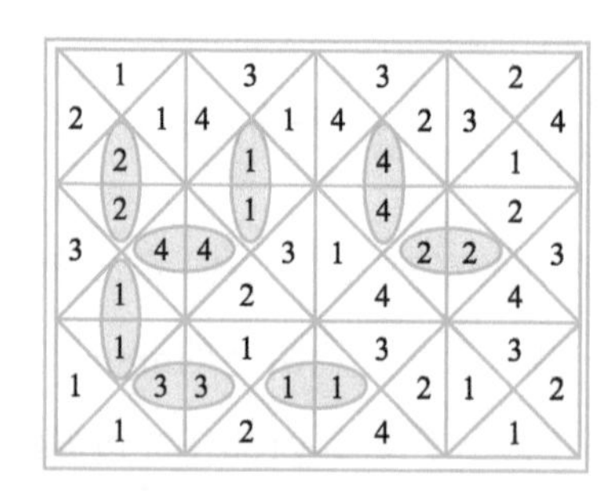

图1-16　一次置换导致分值变化

但即便是这么小的例子，我们也不易确定如何能进一步提高分值，更难以确定达到多少分值就是最优解。12个小方块可能的排列有12！（12的阶乘）种，这个值大约为4.8亿。想用穷尽的方法确认最优解显然不容易。

游戏过程中可以对任意两个小方块的位置进行置换，而且对置换次数并无限制，所以游戏的潜在最高得分与输入的初始排列无关，只与输入包含的方块形式（不能旋转）有关。

2. 启发式算法

上面的例子非常简单，凭观察也能发现可提高分值的一次置换。但我们却无法得到能指导我们找“有效”置换的任何“规则”。即使一次置换导致分值提高，但它是否会对以后的搜索带来负作用，同样无法得知。设计一个算法来解这个问题似乎无从下手。

遇到这样的问题时采用的一种策略简单说就是“碰运气”。用数字四元组的列表pattern（含m×n项）表示游戏中的格局，其初始值为输入。为了便于读者理解算法过程，我们先给出需要的基本计算功能，这里只给出其功能简介，具体实现在后面详细讨论。

1）计算特定格局pattern的总分值：对特定的pattern，计算总分值，为简单起见，后面的函数假设初始分值已计算，作为参数输入。

2）计算交换两个特定位置的方块导致的分值变化量，可能是正值，也可能是负值。

3）交换两个指定位置的方块，这导致pattern发生变化。后面省略了如何记录pattern变化，并得到与输出的分值相对应的pattern，请读者自行实现。

第一个算法很简单，随机生成两个方块的当前位置，如果置换能增加分值，就进行一次置换，否则就放弃，反复多次这一过程，算法如下：

```
def play_by_luck(pattern, init_score, repeat_number):
    k=0
    while k < repeat_number:        #参数repeat_number设置循环执行次数
        随机生成两个待置换的方块位置
        计算这两个位置上的方块如果进行置换产生的分值变化量(profit)
        k=k+1
        if profit>0:
            交换选定的两个方块（位置）
            更新当前分值
    return 当前分值
```

既然是碰运气，repeat_number通常比较大。这样的算法导致只有能增加分值的置换才被保留。但常识告诉我们，仅限于考虑局部得失可能会错过一些机会。

想象在一个大雾弥漫的山里往山下走，不熟悉道路，也看不清远处。正确的下山路未必每一步都是向下的，可能一小段上升的路反而会把我们带到正确的路口。正是基于这一想法，我们设计出了允许走一点“弯路”的算法，即在一定的概率下保留导致分值下降的置换。著名的“模拟退火算法”就是在这种自然现象的启发下发明的。

温度越高，物体内分子振动越剧烈，状态也就越容易改变。我们设定一个“起始温度”，并采用一定的概率值让部分导致分值下降的置换（坏置换）有机会被保留。温度在控制下随时间下降（这里“时间”按照操作次数定义），保留“坏置换”的概率也随之下降。这个过程如同金属加工中的“退火”工艺。我们在上面的算法中加入对这一过程的模拟。注意：算法中相应的控制参数并没有真正的物理意义，采用的是通过实验确定的经验数据。

```
def play_by_simulated(pattern,init_score,repeat_number):
    k=0
    while k < repeat_number:
        随机生成两个待置换的方块位置
        计算这两个位置上的方块进行置换产生的分值变化量(profit)
        if profit>0:
            交换选定的两个方块（位置）
            更新当前分值
        else:
            if discard_control(k,repeat_number):
                交换选定的两个方块（位置）
                更新当前分值
        k=k+1
    return（当前分值）
```

算法中用到一个函数discard_control，其参数为循环变量当前值和预定循环终止次数。该函数根据预定的控制策略决定是否该接纳一个“坏置换”，并返回相应的布尔值。注意：是否丢弃此次置换与方块及其位置无关，只取决于“温度”设置与概率变化模式选择，并与当前已执行过多少次尝试有关。

模拟退火算法是一种受生命现象或物理过程启发而设计的算法，我们往往不能严格证明在允许的输入条件下算法结果的正确性。但通过大量实验，经验数据支撑了算法的可用性和有效性。这类称为“启发式”的算法在“智能计算”中大量应用。

3. 分值计算函数的实现

计算特定格局的得分值，并判定任意的置换对得分的影响是算法过程实现的关键。我们已经提到：用有序四元组列表表示格局。置换操作通过两个列表项的下标交换来实现，每次置换得到一个新格局。为了与涂色方块拼接游戏的界面一致，以下采用二维列表来表示格局。

分值等于方阵内部两侧颜色相同的邻接边的数量，理论最高分是内部邻接边的总数。实现中很有意思的一点是：我们并不需要将这些边作为算法变量。只要明确（假想中的）边坐标与相关方块坐标之间的对应，对边的“遍历”可以通过程序控制方式实现。

显然，水平边与竖直边与相应小方块的对应关系不一样，如图1-17所示。计算总分值时，遍历所有内部边，我们假想水平边与竖直边分别构成两个“方阵”，下标用二元组表示，由于遍历范围可控，不考虑贴框的“外部”边。因此，水平边数为(m−1)×n，竖直边数为m×(n−1)。必须注意，在函数score_rise中参数index是随机生成的，所以需要处理遇到“外部”边的情况。

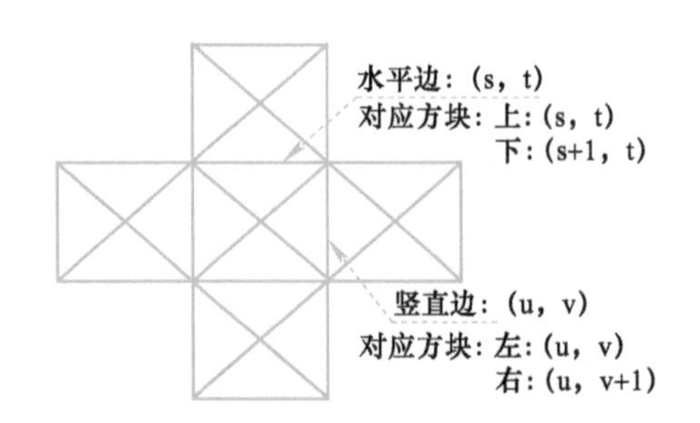

图1-17　水平边与竖直边

下面是计算总得分的过程：

def pattern_score(pattern,m,n):　# m、n是行数、列数

　根据m、n决定循环变量变域horizon_lrows, horizon_lcolumns, vertical_lrows, vertical_lcolumns（细节略）

```
#在下面的循环中，pattern[s][t]为一个四元组，
#后面跟着的下标确定三角形位置
 score_horizon = 0  #扫描所有水平边界
 for s in range(horizon_lrows):
     for t in range(horizon_lcolumns):
         if pattern[s][t][2] == pattern[s+1][t][0]:
             score_horizon = score_horizon+1
score_vertical = 0  #扫描所有竖直边界
for s in range(vertical_lrows):
    for t in range(vertical_lcolumns):
        if pattern[s][t][1] == pattern[s][t+1][3]:
            score_vertical = score_vertical+1
return score_horizon+score_vertical
```

接下来讨论每次置换导致的分值变化量。算法过程由一系列置换操作组成，每次操作后是否需要执行一次pattern_score函数呢？我们当然不希望每次都执行。每次置换只涉及两个方块，每个方块最多有4条边界，如果能只做局部处理，则代价会小很多。关键问题在于是否可以只考虑这8条边（最多）上产生的得分升降。即使考虑的方块四周有外部（框上的）边也没有关系，这些边的分值总是0，与具体位置上的实际方块内容无关。

直观地想，如果(s_1，t_1)和(s_2，t_2)位置上的两个方块a与b置换，我们只需计算a从位置(s_1，t_1)移到位置(s_2，t_2)周边分值的变化量，再加上b从位置(s_2，t_2)移到位置(s_1，t_1)周边分值的变化量就可以了。变化量可以是正值也可以是负值。从输入可以计算分值的初值，后面每次计算增减似乎就可以了。

为了计算方块置换导致的分值变化，我们需要一个函数item_score(item,i)，其返回值是四元组item表示的方块放置在pattern[i]位置

产生的分值。这里需要考虑该位置是否贴框。这个函数的实现非常直观，读者可以自行完成。有了这个函数，置换对于分值的影响似乎很容易用如下的公式实现：

change1=方块1在位置2的分值–方块1在位置1（即原来位置）的分值

change2=方块2在位置1的分值–方块2在位置2（即原来位置）的分值

整个分值的变化 = change1+change2

函数item_score是根据新旧位置各（最多）4个邻居方块的内容来确定分值变化的，如果a、b本身相邻，这样的计算就会出错（为什么？）。这里有两种处理方式：不考虑相邻方块置换（如何判定随机生成的两个方块是否相邻？），在循环次数很大时，排除相邻方块置换不会对结果产生影响；当然也可以针对相邻情况做特殊处理，请读者自行考虑。

更重要也更容易被忽视的问题是：作为游戏目标的分值是对满足条件的边计数，但函数item_score是从被移动方块的分值变化来推算当前格局分值变化的。每条内部边都涉及两个方块，从方块的角度计算，每条边会被考虑两次。很容易理解，按照item_score扫描所有方块得到的总分值一定是pattern_score函数计算结果的两倍。尽管都是“分值”，这里涉及两个不同的量纲，在算法过程中如果在同一个算术计算中混用两个量纲，结果一定会出错，甚至可能出现显示的结果分值超过理论分值上限的情况。合适的做法是从输入计算起始分值就直接乘2，在算法过程中始终使用基于方块的量纲（具体说，上面计算change时，结果总乘以2），最后显示结果时再除以

2。从分值变化的正负来看，两种量纲没有差别。通常算法得到的分值本身也谈不上“对错”，除非出现超出最大值的分值，否则这样的错很难被发现。

4. 实验数据的简单分析

下面介绍4个实验。

实验1：对图1-14中3×4的例子（分值上限为17）用算法1和算法2各运行10次。由于例子太简单，当循环次数达到600～800次时，结果基本稳定，置换次数也不会再增加了。

以循环800次为例，算法2设定初始概率为4%%（表示万分之四）。算法1在10次运行中有2次达到其最高分10分；算法2有1次达到14分，只有2次分值小于10。

实验结论：算法2明显优于算法1，该例子最优解为14分。图1-16中的8分离最优解还差很远。

实验2：选定一个随机生成的8×12的例子作为固定样本，其分值上限为172。用算法1和算法2各自对该例计算10次，每次循环次数为50万（是否有读者觉得这个循环次数非常大，其实现在的“智能”有不少背后就是大量反复执行）。

当循环次数达到50万时，结果基本稳定。算法1的10次输出最大为131，其余均在120～127范围内，置换次数稳定在80上下。算法2（初始概率设置为4%%）最大输出为159，所有结果均在152～159范围内。负收益置换数在55次上下，正收益置换与负收益置换数之比约为5:1。

实验结论：算法2明显优于算法1。实验过程表明，算法2的初始概率选128%%时，两种算法结果质量差不多。以更大的概率开始，算法2明显劣于算法1，显然是由于“坏置换”太多导致分值下降。当初始概率小于4%%时，算法已显示不出改进。

实验3：以随机生成的10个输入重复实验2的过程。表1-2中列出两个算法对每个输入计算达到的最大分值（对于同一输入各算法10次分值差均在10分之内）。

表1-2 两个算法对每个输入计算达到的最大分值

	输入1	输入2	输入3	输入4	输入5	输入6	输入7	输入8	输入9	输入10
算法1	116	129	125	130	130	133	117	127	132	125
算法2	147	155	157	158	156	158	150	156	157	150

实验结论：算法2明显优于算法1。算法2分值普遍高，但分值间差距却小于算法1，这说明引入“弯路”（即引入模拟退火思想）后碰运气的成分降低了。当然，我们无从得知每个随机生成的输入能达到的最大分值究竟是多少，但至少能看出简单的“只能升不能降”的算法没有希望接近最优解。

实验4：上述实验中我们始终无法知道每个例子的最优解是多少。本实验中我们有意识地构造一个“满分”的例子。

前面已经提到初始排列并不会影响一个给定方块集合能够达到的最高分。不同的初始排列当然会影响搜索路径，但游戏只计算最后分值，并不考虑达到一定分值的置换次数。我们从一个已知是满分的格局出发，随机生成100次置换，形成5个不同的样本（开始分值均不超过50）。让算法1和2各自对不同例子运行10次，每次循环次数仍是50万。比较两个算法对每个输入能达到的最大分值，结果见表1-3。

表1-3　两个算法对每个输入能达到的最大分值

	输入1	输入2	输入3	输入4	输入5
算法1	132	132	128	129	134
算法2	160	158	159	160	160

结果与随机例子运行结果并没有明显差别，但能达到的最高分更为稳定。

实验结论：考虑到随机生成的例子可能实际最高分值有差异，这里因为各例子的最高分都是172，所以各自的计算结果比较均衡。这说明当循环次数足够大，两个算法都能够达到一定水平，但要进一步提高就非常困难。对算法2而言，这里采用的参数控制比较随意，如果基于相关研究成果改进参数设置，则还有提升空间。

5 对弈游戏

谈到“对弈游戏”，我们很容易想到各种棋类。简单的有对角棋，复杂的有象棋、围棋等。编写会下棋的计算机程序，几乎是计算机创始之初人们就一直有的追求。1958年，哈尔滨工业大学就曾研制出一台“能说话，会下棋”的模拟计算机，如图1-18所示。

图1-18 用模拟计算机做演示

1997年，IBM的“深蓝”战胜了国际象棋大师卡斯帕罗夫，引起一阵轰动。2016年，人工智能机器人AlphaGo战胜了围棋世界冠军李世石，让人们终于见证了计算机在棋类领域已经可以稳定表现出高于人类的智能，极大地提高了人们对计算机智能应用的信心，人工智能迎来了一个新的发展高潮。

计算机表现出来的任何智能的核心都是算法。有的是若干经验规则的编码（例如中医诊断），有的是基于自然界或社会生活带来的启发式（例如前面介绍过的模拟退火），有的需要先从大量数据中学习出一些模式（例如当下广泛应用的人脸识别），还有的则可能是基于对问题的深刻理解形成的小巧精妙的算法。下面讨论一种两个人玩的对弈游戏。

1. 游戏介绍

有两堆棋子，第一堆里有3颗，第二堆里有5颗。两人轮流拿，每次只能从一堆里拿，至少拿1颗，拿到最后一颗棋子的为胜者。假设你是先手，希望获胜。该怎么拿？

如果你一次把第二堆全拿走，对手则可以接着把第一堆全拿走，他胜了。如果你第一次只从第二堆拿走4颗，留下1颗，对手则可以接着从第一堆拿走2颗，留下1颗。你发现又要输了。不过稍微想一想，你马上能意识到这里的制胜法则：总给对方留下棋子数相同的两堆。于是，你以从第二堆拿走2颗作为开始，剩下（3，3）。后面，对手从某一堆拿走几颗，你就从另一堆拿走几颗。两个回合下来，对手就会认输了。显然，如果初始第一堆和第二堆棋子数分别是n_1和n_2，只要$n_1 \neq n_2$，你作为先手按照上面的策略就能保证赢。而如果$n_1=n_2$，你作为先手就只能随便拿几颗，把赢的希望寄托在对手不明白这法则了。

下面我们前进一步：考虑有三堆棋子，数量记为（3，5，7），如图1-19所示。规则一样，目标也一样，你是先手，该怎么拿？

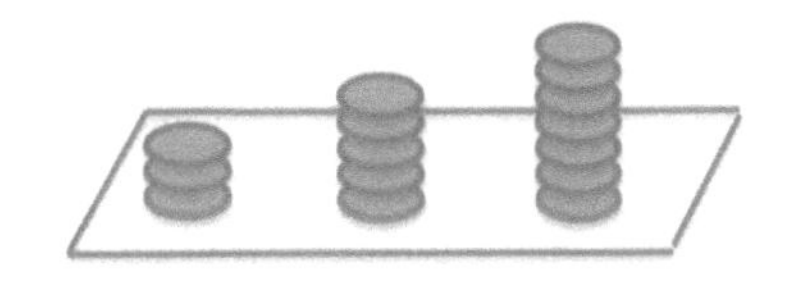

图1-19　争取拿到最后一颗棋子的游戏

显然，你不应该一开始就拿走一整堆，那样就让对方处于在两堆情形下的先手优势了。好，你想那就从第三堆里拿走6颗，给她留1颗，于是变成（3，5，1）。可如果她的应对是从第二堆里拿走3颗，留下2颗，成为（3，2，1），你接着该怎么办呢？稍微想一想，你会发现该认输了。

于是你面对两个问题。第一，在这个对弈游戏中，是否存在一个先手胜的条件？第二，如果存在，它是什么？

2. 一般情形下的通解

下面我们来讨论这个问题的最一般形式。然后看到对这个问题的解可以用一个小小的程序实现为“AI”，作为游戏的一方。你可以找一个朋友来和它玩，它不保证一定赢，但只要抓住了对手的“破绽”，它就不客气了。

问题描述：给定m堆棋子，分别有n_1，n_2，…，n_m颗，$n_i \geqslant 1$。两个玩家轮流从中取棋子，每次只能从一堆拿，至少拿一颗，谁拿最后一颗谁为胜。是否存在先手胜的条件？如果存在，它是什么？

让我们先看看m=2的情形。其实前面已经有解了：即先手胜的条件是$n_1 \neq n_2$，做法是总让两堆棋子数量相等。让我们再细细体会一下。

这里，n_1和n_2是否相等是关键。这有两个层次的含义。如果不相等，先手就可将局面做成相等，后手返回的局面则一定是不相等的，于是可以一直在这种交替性质下继续。先手做的总是“不相等”→“相等”，后手则总是“相等”→“不相等”。而结束的局面是两堆都为0，是相等局面，因此必由先手导致，也就是先手拿了最后一颗棋子。而如果$n_1=n_2$，由于每次至少要拿走一颗棋子且只能从一堆拿，先手给出的局面只能是两堆不相等的，也就是不得不让后手得到上述有利局面。

现在我们面对的是m>2堆棋子，棋子数分别为n_1，n_2，…，n_m。相等与否，这种最简单的计算概念已经不好用了。但在这m个数中能不能建立一种计算，在某种性质上呈现满足与否，一旦先手发现这种性质满足，他总能通过从某一堆中拿掉若干棋子，使得剩下的数之间不再满足该性质，并且后手做任何动作返回的局面又将满足该性质。而结束局面是全为0，是不满足该性质的，因而必然为先手导致。

计算机科学中有一种重要的逻辑运算——异或，它将给我们带来所需的性质。下面来看正整数按二进制位异或操作（^）的运用，如图1-20所示。

```
  011            01011            0101001
  101            10100            1010100
^ 111            10110          ^ 1011000
-------        ^ 11110          --------------
  001           ---------         0100101
                 10111

3^5^7=1      11^20^22^30=23     41^84^88=37
```

图1-20　几个按位异或操作的例子

例如[一]，$3\text{^}5\text{^}7 = (011)_2\text{^}(101)_2\text{^}(111)_2=(001)_2=1$。简而言之，若干0和1异或操作的结果由其中1的个数的奇偶性决定，偶数为0，奇数为1。注意，对应位进行运算，位和位之间不相干。

设想我们参照图1-20所示的例子，考虑m个非负整数n_1，n_2，…，n_m的按位异或。结果总是可以按照是否为0（数值）做二元区分。例如，3^5^7=001=1≠0，2^5^9^14 = 0010^0101^1001^1110=0000=0。特别地，当m=2时，当且仅当两个数相等时，异或为0。

$n_1\text{^}n_2\text{^}\cdots\text{^}n_m$结果为0，意味着所操作的每一个二进制位对应的m个0或1中1的个数都是偶数，还意味着其中任何单个n_i有任何变化，都将导致异或结果不再为0[二]。读者此时应该可以发现，如果先手面对的是“结果不为0”局面，且有办法通过拿掉若干棋子，给后手一个“结果为0”的局面，那么无论后手怎么做，返回的一定是一个“结果不为0”的局面。

于是我们就看到了先手做“结果不为0”→“结果为0”，后手则

[一] 这个例子中，我们特别用下标2表示二进制数。在不至于混淆的情况下，后面的例子将省略这种表示，以求简洁明了。

[二] n_i改变，它的二进制表示中总会有某些0变成1或者某些1变成0，于是就会破坏前面所说的异或为0，必有每个二进制位上1的个数为偶数的条件。

不得不做“结果为0”→“结果不为0”的重复模式。注意到结束局面是全为0，即“结果为0”，因而必为先手所致，意味着最后一颗棋子是他拿的。这样，“结果不为0”就是先手希望一开始就看到的性质。

剩下一个关键问题：当面对一个“结果不为0”的局面，先手总能通过拿掉若干棋子将它变为“结果为0”局面吗？

设$x=n_1$^n_2^…^$n_m \neq 0$，我们需要做的是找到一个n_i，让它的值减少一些，使得再异或的结果为0。例如，001=011^101^111=3^5^7，如果我们做7→6，就有3^5^6=011^101^110=0了。

一般地，由于x^x=0，即两个相等的数异或总为0，于是也就有n_1^n_2^…^n_m^x=0，注意到异或操作满足交换律，问题就变成能否找到一个n_i，满足$0 \leqslant n_i$^$x < n_i$。如果能，就意味着可以从第i堆棋子上拿走n_i-n_i^$x \geqslant 1$颗棋子，剩下n_i^$x \geqslant 0$颗，这符合游戏规则，且让局面变成了“结果为0”。

这样的n_i总是存在的。凡是在x的二进制表示中最高位为1的n_i都符合条件[1]。

这是因为，那样的n_i一旦与x做按位异或操作，n_i^x对应x最高位1的那一位就是1^1=0了；而由于那是x的最高位1，n_i^x中更高的位就和n_i相同，这就保证了n_i^$x<n_i$。看个例子体会一下，若x=0010101，n_i=1010001=81，则n_i^x=1000100=68<81=n_i。对应取棋子的游戏，就是要从一个81颗的堆中拿走81−68=13颗。

至此，可以写一个AI算法了，核心内容如下：

```
def ai(n_1, n_2, …, n_m):
    x = n_1^n_2^…^n_m
    if x == 0:     # 不利条件，随便做一下，等待对手犯错误
      随机取一个非0的n_i，n_i←n_i−1
```

[1] 若记$x=x_1x_2 \cdots x_k \cdots x_t$为x的二进制表示，如果$x_k=1$，所有$x_i=0$，$i<k$，这个k就是我们这里关注的位。

```
else:
  取一个n_i，它在x最高1位上也是1      # x的形成规则保证了这种n_i的存在
  n_i←n_i^x
return n_1，n_2，…，n_m
```

当然，为了达成一个实际可玩的程序，还需要做些处理。例如可以让玩家任意选择初始的m个数n_1，n_2，…，n_m，包括m本身，以及让玩家为先手。游戏过程本质上就是玩家和程序交替按游戏规则改变那些数，直至全部为0。最后一步的执行者就是赢家。显然，如果玩家也是懂得这其中道理的，那么在某些初值条件下（例如玩家为先手，并且初始m个数的异或不为0）有可能会赢了你的AI程序。但只要玩家中间犯一个错误，就再也没有机会了。

鼓励有兴趣的读者自己实现这个AI程序。图1-21是一个程序的运行界面，供参考。

```
输入若干堆棋子的数目（用逗号分开的正整数）: 3,7,9
好，下面是初始局面。你先走。
 [3, 7, 9]
该你了，输入两个数，指出要从哪一堆拿走几颗棋子:
2,5
好，这是你拿走后的结果
 [3, 2, 9]
这是我拿走后的结果
 [3, 2, 1]
该你了，输入两个数，指出要从哪一堆拿走几颗棋子:
1,2
好，这是你拿走后的结果
 [1, 2, 1]
这是我拿走后的结果
 [1, 0, 1]
该你了，输入两个数，指出要从哪一堆拿走几颗棋子:
1,1
好，这是你拿走后的结果
 [0, 0, 1]
这是我拿走后的结果
 [0, 0, 0]
对不起，你输了！
(base) XiaominImatoAir:Desktop xiaomingli$
```

图1-21　程序的一种运行界面

3. 进一步讨论

不难认识到，异或运算的性质在求解这个问题中起到了关键作

用。事实上，异或运算定义简单，但功能奇妙。例如，假设要在程序中交换两个整数变量a和b的值。通常的做法是用一个中间变量tmp，做tmp←a，a←b，b←tmp。如果利用按位异或操作，也可以是：

```
a=a^b      # 得到初始a和b的异或值
b=a^b      # 现在b中就是初始a的值了，因为(a^b)^b=a
a=a^b      # 现在a中就是初始b的值了，因为(a^b)^a=b
```

这样一种“节省一个存储单元”的做法，在过去存储很珍贵的年代是有实际意义的。异或运算在信息加密、数据结构等方面也都有出色的应用。不仅如此，异或概念在现实生活中也有用。例如，有些场合一盏灯是由两个开关控制的，进门按一个开关B1，灯亮了；进屋后按另一个开关B2，灯灭了；再按B2，灯又亮了；出门时再按B1，灯就灭了。这就是异或逻辑在背后起作用。

在前面讨论通解时，我们体验了一种逻辑运算和算术运算“混合作用”的场景。即一方面将数据对象分别看成是0/1字符串，执行按对应位置的逻辑运算，另一方面又将那样的0/1字符串看成是“数”，从而可以比较大小。初次接触这种情境的读者可能会有些困惑，但这个例子恰恰很好地展示了计算机进行“计算”的要义，即表示、变换和解释。具有某种含义的信息通过编码表示为数据，对该数据进行操作变换得到中间数据和结果数据，结果数据再通过适当解释得到符合需要的含义。在这个过程中，同一个数据可以有不同的解释，有些解释可能更加便于达到计算的最终目的。

最后，我们说按照上述通解编写出的程序在和人对弈的过程中会表现出“智能”，因此也可以称它为一个“人工智能程序”。它的智能基于知识（如异或运算的性质）和对问题本身的理解，而不是基于数据，也就是不同于现在流行的通过机器学习得到的智能。在此强调这一点是想告诉读者，人工智能是一个广阔的领域，不仅限于大数据基础上的机器学习。

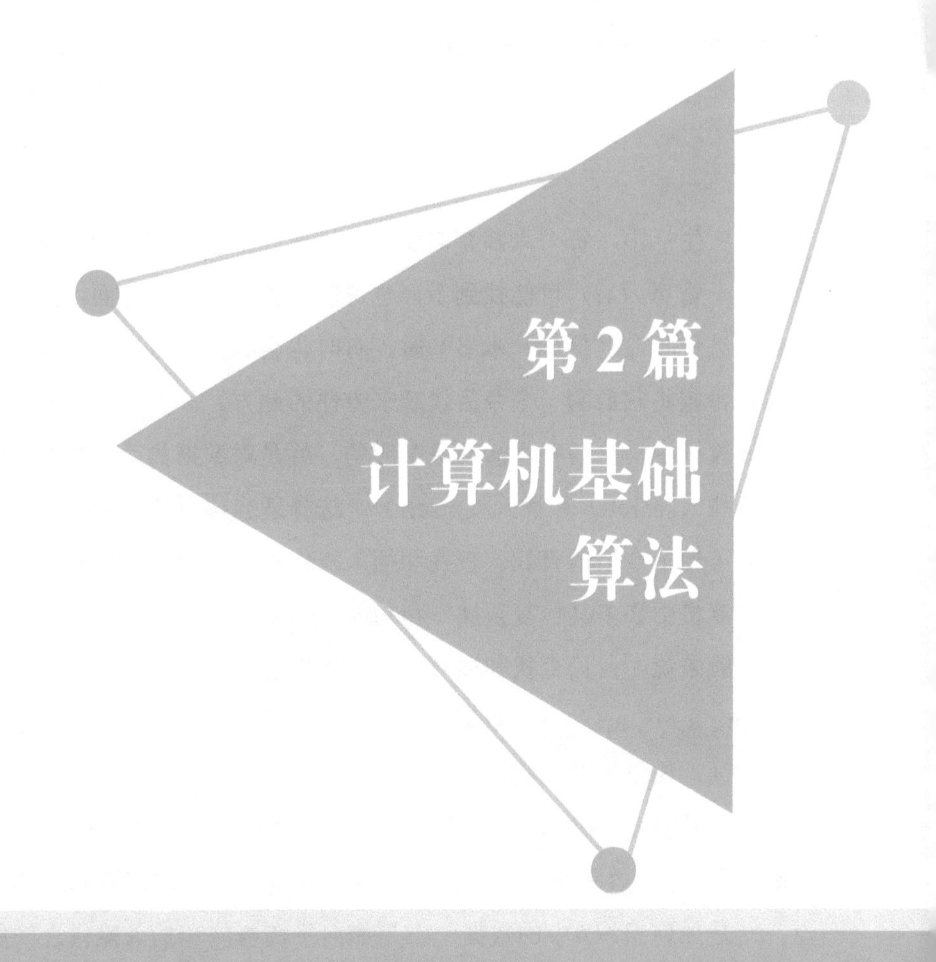

第 2 篇 计算机基础算法

计算机科学中有一些具有基础性的算法，解决的是很基本的问题，它们的身影在各种应用中都有出现，而且常常出现在核心部分，被多层嵌套反复调用。因而它们的效率至关重要，有一点改进可能就意味着大大提高应用的效果。这一篇选择了8个与这类基础性算法相关的问题进行讨论，其中对于有些问题展示了多个算法。这里的目的不在于比较算法并选出一个最优，而是希望让读者具体地看到对于同一个问题可有不同的算法思想和求解途径。

6 查找

现实生活中，每个人都有需要在一堆东西里找出某件特定物品的经历。一番努力后，可能找到了，也可能没找到。另一方面，当我们新得到某件物品（例如一本书）时，有时也会为把它放在什么位置而纠结，希望将它放到一个今后找起来方便的地方。

计算机中与这两种生活现象对应的，就是对数据的两种基本的操作：查找（search）和插入（insert）。选择适当位置插入的主要目的就是为了便于今后的查找。查找和插入操作不仅本身有直接的应用，还是计算机中许多其他复杂操作和功能的基础。

一般来说，讨论查找和插入操作，我们总会面对一个数据元素集合$A=\{a_1, a_2,\cdots, a_n\}$和一个数据元素x，问x是否在A中。当发现x不在A中的时候，如果需要，则把x放入A中。

如果这样的操作十分频繁，且随着时间的推移A变得很大（例如$n>10^9$）时，效率就是一个值得重视的问题了。关键问题归纳为两点，一是如何组织A中的数据，二是如何平衡查找和插入操作之间的效率。后面这一点是说，如果预计查找是频繁的，插入是稀少的，则可以在插入操作上花更多的时间，以换取查找上时间的减少。而关于A中数据的组织，在计算机中涉及采用不同数据结构的考量，也是以下内容展开的线索，下面从4个方面进行讨论。

1. 无序元素列表上的查找与插入

这是一种最基本也是最简单的情况。集合$A=\{a_1, a_2,\cdots, a_n\}$的元素任意放在一个列表或数组A中，对于需要查找的数据元素x，执行以下算法：

```
for i in range(len(A)):
        if x == A[i]:
                print('元素'+str(x)+'在数据集合A中')
                exit()
print('元素'+str(x)+'不在数据集合A中')
A.append(x)
```

算法逻辑直截了当，用x逐个和A的元素比较，发现有相等的就报告成功；若比较完了还没发现相等的，就报告失败，接着把x放到A的末尾（插入操作）。

可见，这里的插入操作很简单，时间复杂度为O(1)。但查找操作在最坏情况下需要做n次比较，即O(n)。适合插入较多（即新元素较多）、查找较少的应用场合。

2. 有序元素列表上的查找与插入

当查找很频繁，且n很大时，实质性地减少查找所需的计算量就变得很有意义了。关键就在数据的组织上，即要让A的元素按某种特定方式组织，以便于查找的过程。一种简单的方式就是让它的元素有序，从而可以支持“对分查找”的算法。原理很直观，就是利用列表元素有序（不妨设增序）的特点，如果发现$x<a_i$，那么x就不再需要和a_i右边的元素比较了，如果$A=\{a_1, a_2,\cdots a_i,\cdots, a_n\}$中有x，那一定就是在$a_i$的左边。算法描述如下：

```
low = 0; high = len(A)-1
while low <= high:
    mid = (low+high)//2      # 确定中间元素位置，例如(2+5)//2 = 3
    if x < A[mid]:
      high = mid-1
    elif x == A[mid]:
```

```
            print('元素'+str(x)+'在数据集合A中')
            exit()
        else:  # i.e. x > A[mid]
            low = mid + 1
print('元素'+str(x)+'不在数据集合A中')
if high < mid:
    A.insert(mid,x)              # 插入在A[mid]的当前位置
else:                            # i.e., low > mid
    A.insert(mid+1,x)            # 插入在A[mid]的后面（右边）
```

算法用low和high控制需要查找的范围，每次通过mid = (low+high)//2确定“中点”（“对分查找”由此而来），在偶数个元素的场合则取中间靠左的一个。如果x和A[mid]不相等，就需要移动low或者high，对应的mid+1和mid−1排除了A[mid]，从而保证了low和high指示的元素都是应该查找的，与初值设定的含义一致。

如果某次比较相等，则报告成功，结束查找。若x不在A中，最后一次比较对应high=low的情况，此时mid=low=high，若还不成功，等价地就是置low←high+1或者high←low−1，也就是while循环不再执行的条件。

报告失败后，再把x插入A中就不像前面那么简单了。插入的位置取决于最后一次比较时x是小还是大，对应分别插入mid的当前位置或后面，以保证A中元素的有序性。更重要的是，这里的插入要涉及后面元素的移动，对效率是有影响的。

综合起来，基于有序元素的列表，对分查找的查找效率高，其复杂度是$O(\log_2 n)$，相比$O(n)$是实质性的提高。不过代价也是明显的，即在没找到、需要插入的时候，最坏情况下要在列表上往后移动n个数据，即$O(n)$。适合查找较多，插入较少（即新元素较少）的应用场合。

3．搜索二叉树上的查找与插入

前面介绍的两种方法总的来说都比较简单，各有优势，也各有不足。有没有办法综合它们的优点，避免它们的缺点呢？理想目标就是，判断x是否存在于A中，希望能有$O(\log_2 n)$的效率（类似于对分查找），如果x不在A中，则为插入x而导致的数据移动操作是常数量级（类似于顺序查找中的A.append(x)）。

采用二叉树数据结构是实现这一追求的基本途径。二叉树是一种重要的数据结构，核心概念为“树根”“左子树”“右子树”和“递归定义”。几个二叉树的示例如图2-1所示。

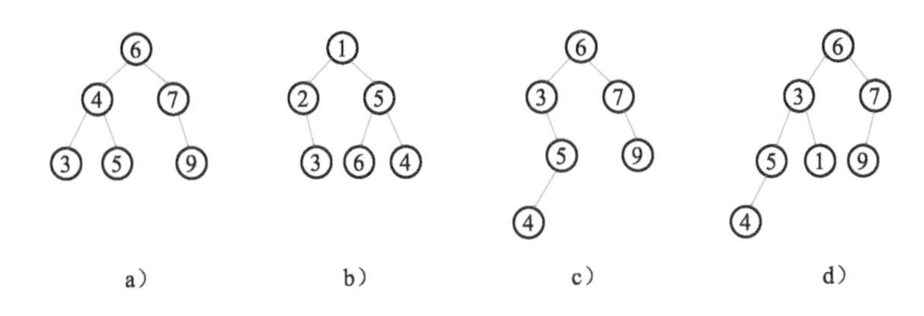

图2-1　二叉树示例

在应用中，二叉树中的节点常用于存放数据。当我们将数据之间的大小关系与树中节点的结构性关系做某种对应的时候，就可能产生奇妙的算法结果。搜索二叉树（亦称“查找二叉树”）就是这方面的一个例子。

上述“数据之间的大小关系与树中节点的结构性关系”的对应，在搜索二叉树上就是：根节点的数值不小于左子树节点的值，不大于右子树节点的值。在图2-1中，a和c是搜索二叉树，b和d则不是。

这样的搜索二叉树对查找有什么好处呢？仔细体会一下，它与对分查找的算法思想十分相近。当把数据集合A的元素按照搜索二叉树的要求放好之后，查找x是否在A中，就是从根节点开始比较，如果x较小，则意味着它比右子树的所有节点都要小，不用再去查了（相当于对分查找中不用再关注mid右边的元素），只需关注左子树就可以了（相当于对分查找中的high=mid-1）。

如果查找失败，要把x插入A中，如何能保证插入正确的位置呢？在前面讨论对分查找的时候，我们已经感到将新元素插入数据集合的适当位置是一件需要仔细确定的事情，目的就是要保证得到的数据结构具有相同的性质。在对分查找中是元素之间的顺序，而在这里则是搜索二叉树的要求。

我们注意到，查找不成功的结论总是出现在与二叉树中的某个节点a比较不相等，按规则不能再进展时（a可能是叶节点，也可能是一边子树为空的非叶节点），如果$x<a$，则应将x做成a的左子树，否则，就做成a的右子树。局部地看，x与a的关系是正确的，那么x与其他所有节点的关系也是正确的吗？也就是要问，对于任意节点b，x此时与b的相对位置和值的大小之间的对应，符合搜索二叉树的规定吗？稍微思考一下就会想到，在算法过程中当x来到以a为根的子树时，除该子树的节点外，x与整个搜索二叉树上其他节点的关系都已经是正确的。它与a进行比较，如果$x<a$，则成为a的左子树，那么它与a的右子树上的任意节点b的关系为$x<a<b$，因此是正确的。$x>a$的情形类似。

这样做达到目标了吗？注意到n个节点的二叉树的高度最低可达$\log_2 n$，这意味着查找效率能做到$O(\log_2 n)$。同时我们也看到，这里的插入操作很简单，即在查找不成功的时候在当前节点上生成一个子节点，效率就是常数量级的O(1)。搜索二叉树的基本操作算法如下：

```
current = root                  # 总是从根节点开始
while current != NULL:
    Found = False
    parent = current        # 为可能需要的插入操作做准备
    if x < current[VAL]:            # 向左子树查找
        current = current[LEFT]
        flag = LEFT                 # 指示在哪边插入
    elif x > current[VAL]:          # 向右子树查找
        current = current[RIGHT]
        flag = RIGHT
    else:
        print('元素 '+str(x)+' 在数据集合A中')
        Found = True
        break
if Found == False:                  #没有找到，需要跟一个插入操作
    print('元素'+str(x)+'不在数据集合A中')
    current = Create_node(x)
    parent[flag] = current
```

采用搜索二叉树作为数据结构，既能实现高效率的查找，又能实现高效率的插入。但是还有一个潜在的问题，那就是上述方法不能保证二叉树的高度为$O(\log_2 n)$。事实上，大量如上描述的简单插入操作很容易导致一棵“病态的”二叉树，其高度不是$\log_2 n$，而是更接近n，从而使其优势体现不出来了。下面的内容即是针对这种问题的一个解决方案。

4. 平衡二叉树上的查找与插入

目标很明确，就是希望二叉树的高度总保持在$\log_2 n$量级。途径

也清楚，就是允许插入操作适当复杂一些，每当做插入的时候，不仅要保持搜索二叉树节点间的数值关系正确，还要根据需要对二叉树的结构做平衡调整，保证每一个节点左、右子树的高度之差不超过1。我们称这样的二叉树为“平衡二叉树”。

以图2-1中的4棵二叉树为例，c就是不平衡的，因为节点3的左子树高度为0，右子树的高度为2，高度差超过了1。我们同时注意到，a是一棵平衡二叉树，它的内容和c完全一致，结构上则有局部调整（节点6的左子树）。如何在c的情况出现时做代价不大的调整以达到a的结果，就是下面要讨论的问题，下面通过一个例子来学习一种方法。

以一棵平衡二叉树为基础，按照前述搜索二叉树的方式，在插入一个新节点后，每一个节点将具有如下5种状态之一：

1）两棵子树的高度一样；称为完全平衡，用0表示。

2）左子树高度比右子树高1；称为左沉（但依然平衡），用−1表示。

3）右子树高度比左子树高1；称为右沉（但依然平衡），用+1表示。

4）左子树高度比右子树高2；称为左失衡，用−2表示。

5）右子树高度比左子树高2；称为右失衡，用+2表示。

以图2-1c为例，对应节点6、3、7、5、9、4，就有−1、+2、+1、−1、0、0。而在a中，节点7的状态为+1，其他节点的状态都是0。显然，插入一个节点后，若每个节点都处于0、−1或+1状态，就不需要做任何事情。调整发生在有节点的状态变成了−2或+2时。

如果一个节点（X）的状态变成了+2（−2的情况对称，只需要把下面两点描述中的“左”和“右”互换即可，此处从略），那么有两种情况需要考虑。

1）若X失衡的原因是其右子树的右子树上插入了一个节点，则令X的右儿子（Y）为根，令X为Y的左儿子，同时令Y原先的左子树为X的右子树。这个操作称为“左旋”。

2）若X失衡的原因是其右子树的左子树上插入了一个节点（对应图2−1c中的节点3，那就先以右儿子（Y）为轴做一个“右旋”，让它的左儿子“上位”（成为这棵子树的根节点，即占据原来节点5的位置），接着再以X为轴做一个左旋。图2−1c据此操作后即变成图2−1a。

按照这种方法得到的二叉搜索树（平衡二叉树）称为“AVL树”[㊀]，也是最早（1962年）被发明出来的一种平衡二叉树，它保证了树高为$O(\log_2 n)$，于是前面提到的“病态”情况不再出现，查找操作的效率得以保持为$O(\log_2 n)$。其代价则是要记录节点的平衡状态（包括增加了数据结构的复杂性和每次插入一个节点后的状态更新），以及根据状态做上述平衡调整。其中，平衡调整本身是常数量级的操作，但节点平衡状态维护的计算量是和树高$\log_2 n$成比例的。综上，对于带插入功能的查找操作，可以得到以下结论：1）基于列表的效率为$O(n)$，无论元素有序还是无序；2）采用搜索二叉树，理想效率为$O(\log_2 n)$，但很可能做不到；3）而采用AVL树，效率保证为$O(\log_2 n)$。

㊀ AVL由两位发明人Georgy Adelson-Velsky和Evgenii Landis的姓氏头字母组合而成。

以上4种算法除了在目标追求上有递进的关系外，还有一种技术上的共性，即在算法过程中始终要保证数据结构上某种性质的满足。在对分查找中，要保证列表元素有序；在搜索二叉树查找中，要保证任何时候都满足搜索二叉树上节点位置与元素值大小的特定关系；在平衡二叉树查找中，则除了搜索二叉树的性质外，还要保证二叉树的平衡。如果这些性质不能得到一致的保证，算法就失去了正确的基础。一些计算代价正是为得到这些保证而付出的。

7　排序

我们已经知道如在排好序的文档中搜索，效率会比在没有排好序的文档中高得多。任何数据处理系统中都可能会用到排序算法，且可能频繁使用，因此排序的效率尤为重要。

排序一般是根据输入数据对象的关键字进行的。关键字均取自某全序集，全序集是指其中任意两个元素均可“比大小”的集合。排序算法将输入元素按照定义的顺序要求输出。为了简单，我们假设输入元素均为正整数（对象即关键字），编程时可以采用一维数组或List结构。且序列中不含相同元素，任意两个元素比较一定有大小之分。输出为严格递增序列。

如果关键字的值是不可分解的，算法能够执行的基本操作只是比较两个关键字的大小。这样的排序算法称为“基于关键字比较的算法”。下面主要讨论此类算法（Python等语言库函数提供了针对List结构的排序功能，可以直接调用。此情况不在本文考虑范围内）。

1. 冒泡排序算法

冒泡排序算法的基本思想可以用图2-2表示。

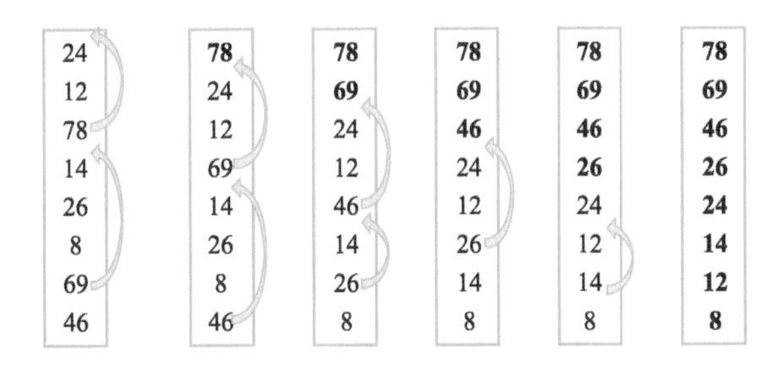

图2-2　冒泡排序算法

图中最左边的是输入序列（从下向上）。我们总是试图找出当前待处理区域中的最大元素，将它放到最高位置。这就像水中的气泡往上冒一样，所以称为冒泡排序。开始时待处理区域是整个序列。我们从最下面的位置开始依次向上做比较操作，一旦发现“逆序”，即上下位置与元素大小相反，就做一次“互换”。图中的箭头表示连续执行“互换”的结果。已经放置到正确位置的元素用粗黑体表示。新一轮操作中这些位置不再包含在待处理区域中。重复执行上述过程，直到待处理区域只含一个元素为止。整个过程可描述如下：

```
def swap(a,b)        # 交换两个变量的值
    t = a
    a = b
    b = t
def max(A, k)        # 将序列A前k个元素中最大的一个放入位置k-1
    i = 0
    while i<k-2
        if A(i) > A(i+1)
            swap(A(i), A(i+1))
        i = i+1
bubble_sort(A)       # A是输入的序列
    k = len(A)
    while k > 0
        max(A,k)
        k = k-1
```

循环不一定要执行到k=0才停止，如果某一轮中swap一次也没执行，算法就可以停止了。这只需用一个标记变量即可。

前面提到，排序过程中用“互换”操作消除“逆序”。一般意义上的“逆序”，即两个对象位置下标大小与值的大小正好相反

（也称它们的位序与值序不一致）。排序过程可以理解为消除输入序列中的所有“逆序”的过程。如果输入的数据值是严格递减的，那么任何两个元素均构成“逆序”，逆序的数量为$O(n^2)$。冒泡排序算法总是比较相邻的两个对象，也只可能将两个相邻的对象互换。这意味着每次比较最多消除输入中的一个逆序。因此，最坏情况下算法执行的比较次数为$O(n^2)$。考虑随机输入使得任一处理区域中最大元素出现在任一位置的概率相等，很容易推知平均比较次数仍是平方数量级的。

理论分析告诉我们，基于关键字比较的排序算法的比较次数不可能比O(nlogn)更好，换句话说如果算法的效率能达到O(nlogn)，也就是最优了。那么冒泡算法与最优的差距有多大呢？粗略地说，如果在特定计算环境下对100万个数据排序，某个O(nlogn)的算法需要1s，$O(n^2)$的算法可能需要10h以上。

2. 快速排序算法

快速排序可能是应用最广的排序算法。其基本思想是将输入分解为两个规模较小的子问题，递归求解。算法首先调用函数partition，以一个任选的元素为“标杆”，将比标杆小的元素放入子集small，大的元素放入子集large。partition返回值是针对这样的分割，标杆元素应该处于的位置splitPoint。快速排序的核心思路如图2-3所示。

图2-3　快速排序的核心思路

快速排序的过程如下：

```
QuickSort(A, first, last)   # A是输入序列，处理范围 [first, last]
    if first<last           # first=last是递归终止条件，
                            # 即处理范围内仅含一个元素
        pivot=A[first]   #选择处理范围内第一个元素为标杆元素
        splitPoint = partition(A,pivot, first, last)   # 完成上图描述的功能
        A[splitPoint] = pivot    # 标杆元素放入正确输出位置
        QuickSort(A, first, splitPoint-1)    # small通过递归排好序，
                                             # 放入正确输出位置
        QuickSort(A, splitPoint+1, tail)     # large通过递归排好序，
                                             # 放入正确输出位置
```

接下来讨论如何实现partition。选第一个元素做标杆是随意的，因为输入的随机性，选任意元素效果是一样的。给定标杆，通过比较大小分出两个子集似乎很容易，但我们希望在“原地”操作，也就是说不用额外的存储空间（除了标杆本身），这需要一些“技巧”。我们用矩形框表示当前的待处理范围，调用partition时标杆已选定移出，因此第一个位置是空位，如图2-4所示。

图2-4 快速排序做“原地”操作的技巧

在partition执行期间始终保留一个空位，执行过程包含一个扩充small的过程与一个扩充large的过程，从large开始交替进行，同时空位也交替地出现在左或右。如图2-5所示。

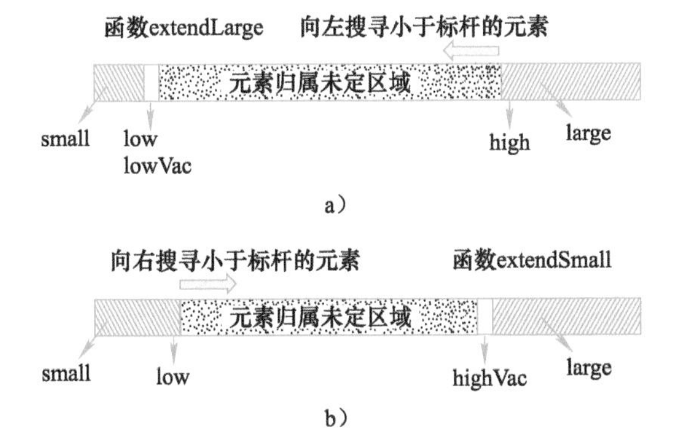

图2-5　从两边向中间搜寻，以确定标杆元素最终应该在的位置

每一次扩充过程的终止条件为发现应该移动的元素或者遇到空位，如果是后者，则整个partition执行完成。

扩大子集small的过程可以定义如下：

```
def extendSmall(A, low, highVac, pivot)
    i = low
    lowVac=highVac      #下面的循环中可能找不到该属于large的元素
    while i<highVac
        if A[i]>pivot
            A[highVac]=A[i]
            lowVac=i
            break
        i=i+1
    return lowVac
```

扩大子集large的过程与extendSmall是对称的，读者可自行完成。

基于这两个函数，分割子问题就可以由下述函数实现了，函数返回值即标杆元素在解中的位置。过程如下：

```
def partition(A, pivot, head, tail)   # head与tail为在输入序列中的实际处理段
    low=head
    high=tail
    while low<high
        highVac=extendLarge(A, pivot, low, high)
        lowVac=extendSmall(A, pivot, low+1, highVal)
        low=lowVac
        high=highVac-1
    return low
```

划分（partition）过程如图2-6所示。

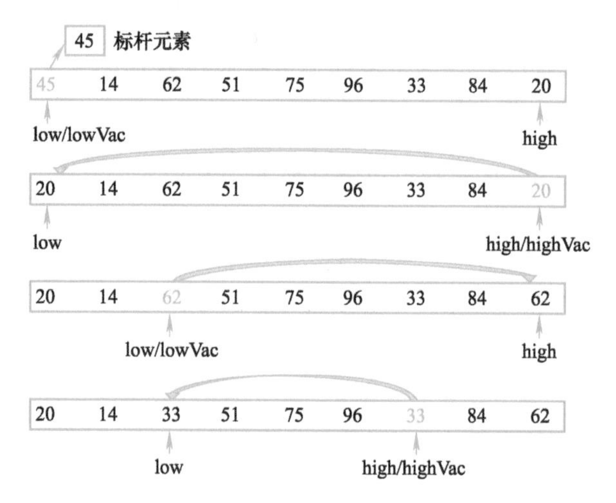

图2-6 划分（partition）过程示意

快速排序避免了冒泡排序中只比较相邻元素的局限，那么其效率如何呢？递归算法的效率与需要递归的次数密切相关。一般而言，子问题规模下降快的话就会更快遇到终止条件，使递归次数下降。

设想输入序列中数据严格递增，从人的观点看根本不需要计算，直接输出就是了。但是算法看不出这一点，选中的标杆恰好是最小元素，于是两个子问题一个是空序列，另一个规模比原输入只少一个元

素。在这种原始输入数据条件下，每次递归都会遇到同样的情况。每次递归划分子问题执行比较操作次数为O(n)，因此最坏情况下快速排序的代价仍然是$O(n^2)$。

其实这种极端情况出现的概率太低了，实际经验与概率推导都表明，在应用中快速排序完全可以达到O(nlogn)的时间复杂度，而且快速排序算法几乎不需要额外存储空间，其他额外开销也很小，所以应用广泛。

前面提到过任一元素作为标杆时碰到最坏情况的概率是一样的（尽管各自的最坏输入不一样）。但有个简单办法可以使碰到“最坏”输入的概率大大降低。即随机地从输入序列中选三个元素，用大小居中的元素作为标杆。注意，不管如何选，调用partition时总让空位在首位。

3. 合并排序算法：均衡分解子问题

快速排序在最坏情况下的表现不佳是由于两个子问题可能大小悬殊。如果我们采用递归方法时设法使两个子问题大小几乎相等，是否会得到更好的算法呢？

最简单地实现均衡分解的做法就是一切两半。为了简单，假设输入序列长度为2的整次幂，即$n=2^k$，经过k=logn轮分解，子问题规模为1，递归终止。

将两个已经排好序的序列合成一个，过程如图2-7所示。

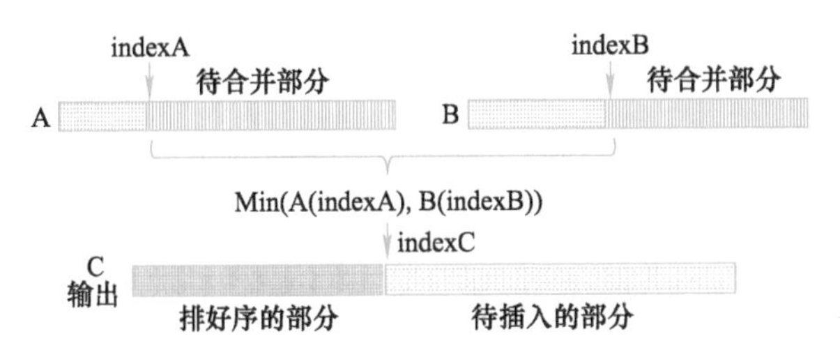

图2-7　将两个已排好序的序列进行合并的过程示意

合并排序过程非常简单：

```
Mergesort(A, first, last)              # first<=last
    if (first<last)                    # first=last是递归终止条件，
                                       # 子问题只含一个对象
        Mid = (first+last)/2           # 为简单计，这里假设总是能整除的，
                                       # 一般情况也很容易处理
        Mergesort(A, first, mid)
        Mergesort(A, mid+1, last)
        Merge(A, first, mid, last)     # 合并过程，按照上述思想读者很容易
                                       # 自行实现
```

显然，合并过程中每比较一次至少有一个元素进入合并区，所以合并的总比较次数不会超过合并区的大小。合并总共进行k=logn轮，每轮合并区的总规模为n。分解每个子问题的代价显然是常量。所以合并排序最坏情况的时间复杂度为O(nlogn)，平均复杂度也不会更高。但合并排序的应用远不如快速排序，对比前面讨论快速排序时讲到的一个优点，合并排序有个明显的缺点：合并不能在“原地”进行，需要O(n)的额外存储空间。

并非所有的排序算法都是基于关键字比较的算法。有时候输入可能满足一些特别的条件，比如，输入对象的关键字是十进制表示的自然数，关键字可以分解为“位”。比较未必非得对整个数值进行，也可以逐位比较。还有些应用中我们可以预先知道关键字值的上下界，这些条件可以利用来设计出线性代价的排序算法。

有些读者可能非常好奇：即便限于关键字比较算法，以后完全有可能出现更好的方法。现在怎么能确定不可能比O(nlogn) 更好了呢？确实，对于大多数问题，判定算法的“最优”往往很困难，但对于基于关键字比较的排序算法，复杂度下限可用图2-8来理解。

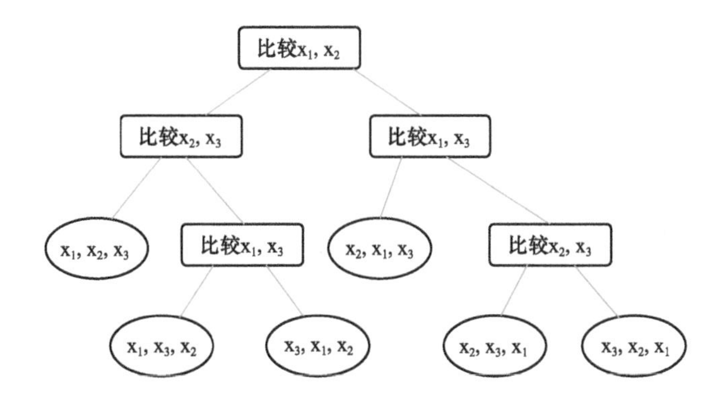

图2-8　排序算法复杂度下限证明的思路示意

这里的下标1、2、3并没有任何特殊意义，所以这个图适用于一切对长度为3的序列的排序过程。图中分支节点（矩形）表示一次比较操作。在输入对象均不相等的假设下这是完全二叉树，左右两个子节点分别对应于“<”和“>”两种结果。而叶节点（椭圆）对应于一种特定的排列，也就是排序问题的解。对任一输入，从根节点开始对关键字进行比较，并根据比较结果决定下一个操作。如果遇到叶节点，则算法终止，输出相应结果。图中叶节点显示对象递增的次序。由于输入是随机的，解可能是输入序列的任意一种（重新）排列。而n个元素的序列可能的排列方式有n!个，所以对长度为n的输入，类似的算法树至少有n!个叶。而最坏情况下算法复杂度的下限是图中从根到叶的最长路径的下界，当整个树是完全平衡树时这个下界最小，为$\log(n!)$，而$\log(n!)\in\Omega(n\log n)$。

8 连通

前面讨论了求欧拉回路的弗罗莱算法，其中初次涉及了若干图论中的术语。由于图论中的图是现实中许多事物（例如网络）的一种自然的模型，因此以图为对象所形成的算法成为计算机“算法百花园”中一个极其重要的组成部分。这不仅因为它们足够丰富，还因为它们引人入胜。其中，连通在许多场合都是一个中心概念。例如在弗罗莱算法中的每一步，要求删去的边不能是桥（除了一种特殊情况外），本质上就是要避免不连通。

如何判断一个图是否连通？在图示的情况下，如果图的规模很小，目测是容易看出来的，如图2-9a所示，一看就知道是连通的。如果规模很大，目测就很困难了。如图2-9b所示，规模并不大，但要看出它是不是连通的，以及它的连通分量的个数，就得稍微思考一下了。

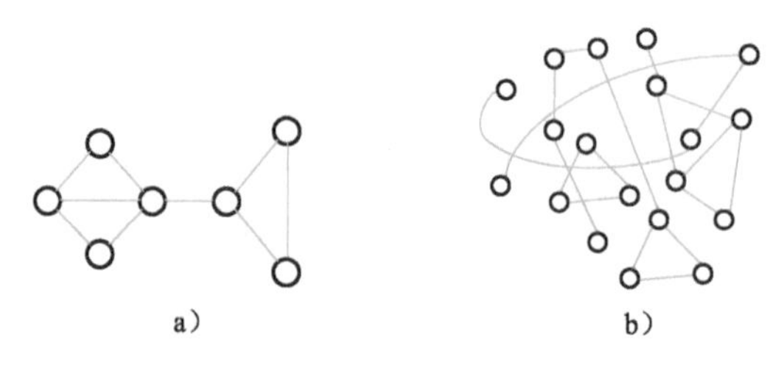

图2-9 观察连通性的两个图示

更重要的，计算机在图上进行操作的时候，并不像我们这样一览无余地“看见”图，而是要处理所谓的“图数据”，也称为图的数据表示。这里体现了形象思维与抽象思维相互转换的一个意象。

下面从图的计算机表示出发，以判断一个图是否连通为目标展开讨论，旨在通过这样一条简单的线索，让读者从数学和计算机处理两个方面对图的含义形成比较深入的认识，尤其是体会数学概念和计算机处理之间的互动。熟悉这类互动是高效理解算法的基础，也会让我们后面关于算法的讨论更加顺畅。

1. 与连通相关的基础概念

前面提到过，节点和边是图的两个最基础的要素，可用两个集合方便地给出[㊀]。例如，V={1, 2, 3, 4}和E={(1, 2), (1, 3),(1, 4), (2, 3), (3, 4)}就定义了一个图，它的图示如图2-10a所示；而V={0, 1, 2, 3, 4}和E={(0, 1), (0, 2), (0, 3), (0, 4), (1, 2)，(2, 3), (3, 4)}也定义了一个图，它的图示如图2-10b所示。

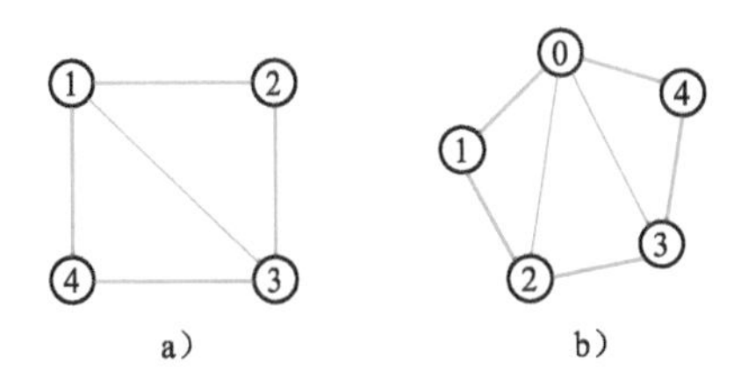

图2-10　对应由集合定义的两个图的图示

有两点说明。第一，节点的编号方式没有严格要求，可以从1开始，也可以从0开始，用字母a、b、c…也行，它们只不过是为了方便的标记。第二，若不做特别说明，两个节点之间最多只有一条边，这和讨论欧拉回路时的图不同，那里特别在意两个节点之间可能有多条边。为什么需要做这样的规定呢？这是因为在图论应用的大多数场合，强调的是两个节点是否存在边，因此这也算是体现了“抽象”的要义——突出核心关切。

两个节点之间有边，也称它们“相邻”，与一个节点相邻的所有节点称为它的“邻居”（集合）。例如图2-10b中节点2的邻居是{0, 1, 3}。一个节点的邻居个数也称为它的度数。

㊀ 若不特殊说明，总是假设节点集合与边集合都是有穷集合。

下面定义与连通相关的三个概念[㊀]：道（walk）、径（trail）、路（path）。

“道”指的是一个节点序列，其中每两个相邻节点都对应图的一条边（也称为它们之间有边）。例如，图2-10a中，“1, 2, 3, 4, 3, 1, 2”就是节点1和2之间的一条道，而“1，2，4，3，2”就不是，因为其中相邻的节点2和4之间没有边。注意，道中的节点和边都可能重复。

“径”就是边不重复的道。例如，图2-10b中，“1，0，3，4，0，2”就是一条径。前面例子中的道就不是径，因为（1，2）边和（3，4）边[㊁]都重复了。欧拉回路和欧拉通路就是径。

如果节点也不重复（边也肯定没有重复），那就称为“路”。例如，图2-10b中，“1，2，0，3，4”就是一条路。前面例子中的径就不是路，因为节点0重复了。一种特殊允许的情况是首尾两个节点相同，称为圈。

与道、径、路相关的一个共同属性是“长度”，等于其中边的条数。长度是区别运用这几个概念的关键。例如，可以说“1，2，3，1，3，2”是图2-10a中节点1和2之间的一条长度为5的道，可以说“1，3，4，1，2”是图2-10a中节点1和2之间的一条长度为4的径，还可以说“1，3，2”是图2-10a中节点1和2之间的一条长度为2的路。从这个例子中你能总结出道、径、路长度之间的一般关系吗？

习惯于上面这种概念的仔细区分对于算法学习很有意义，能避免不少困惑。假设节点序列的两个端点是不相同的，试辨析下列说法的正误：

㊀ 这三个概念在英文中是三个不同的词，目前尚没有统一的中文译法，常见的是“路径”或者“通路”，人们通常根据上下文来理解到底说的是什么。这里为了辨析，我们用“道”“径”和“路”来区别。

㊁ 我们现在讨论的图也称为“无向图”，即图中构成边的两个节点的先后顺序无关。

1）路就是径，反之不然；径就是道，反之不然。

2）如果两个节点之间存在一条道，则必存在一条径，也存在一条路；反之亦然。

3）两个节点之间若存在一条路，则它们之间存在有穷条路、有穷条径（可能多于路的条数）、无穷条道。

答案如下：

1）正确。定义中表述的正是这个意思。路是节点不重复的径，径是边不重复的道。

2）正确。问题1）实际上已经回答了“反之亦然”部分，即有路就有径，有径就有道。现在假设有一条道（节点序列）。如果其中节点有重复，则将两个相同节点之间的节点以及相同节点之一全部删去，得到的依然是原先两个节点之间的一条道，如此总可以得到一条无重复节点的道。而如果节点没有重复的，那就是一条路了，同时也是径。

3）正确。前面脚注中我们假设了只考虑节点和边集合都是有穷集合的情形。由于路中节点是没有重复的，且节点集的子集元素的排列个数是有穷的，因此两个节点之间的路不会有无穷条。类似地，由于径中的边是没有重复的，且边集的子集元素的排列个数是有穷的，因此两个节点之间的径不会有无穷条。至于无穷条道的存在则是显而易见的。

有了上述判断，我们就可以定义：一个图是连通的，当且仅当其任意两个节点之间都存在一条路（径、道；通路、路径、道路）。括号里面的前两个是等价的说法，后三个也是常见的说法，其中的用语可以理解为这里定义的路、径或道。

理解了这个定义，立刻就有：一个图是连通的，当且仅当其任一节点与其他所有节点之间都存在路（径、道；通路、路径、道路）。在判断图是否连通的算法中，常用的是这个认识，而不是原始定义。

进一步地，我们说一个不连通的图包含多个连通分量。每个连通分量即其中尽可能大的连通子图。例如，图2-9b中有4个连通分量。

2. 图的表示

在计算机（程序）内部，图有多种表示方法。最常见的是通过数组表示的“邻接矩阵”和对应节点邻居集合的“邻接表”。

在邻接矩阵表示法中，一般总是假设图的n个节点按照0, 1, 2,…, n−1（或1, 2, 3,…, n）编号，用一个n×n整型数组A来表示矩阵，其中的元素记作A[i, j]或a_{ij}，定义如下。

$$a_{ij}=\begin{cases}0，如果节点i与节点j之间没边\\1，如果节点i与节点j之间有边\end{cases}$$

由于我们现在只关心无向图，所以A是对称的，即$a_{ij}=a_{ji}$。对于图2-10中的两个图，就有对应的邻接矩阵如图2-11所示。

$$\begin{bmatrix}0&1&1&1\\1&0&1&0\\1&1&0&1\\1&0&1&0\end{bmatrix}$$

a）

$$\begin{bmatrix}0&1&1&1&1\\1&0&1&0&0\\1&1&0&1&0\\1&0&1&0&1\\1&0&0&1&0\end{bmatrix}$$

b）

图2-11　图2-10中两个图对应的邻接矩阵

同时，如果采用邻接表来表示图2-10中的两个图，则结果如图2-12所示。具体实现可采用集合数组、链表数组或二维数组。邻接表法可以看成邻接矩阵的“紧凑”表示法。

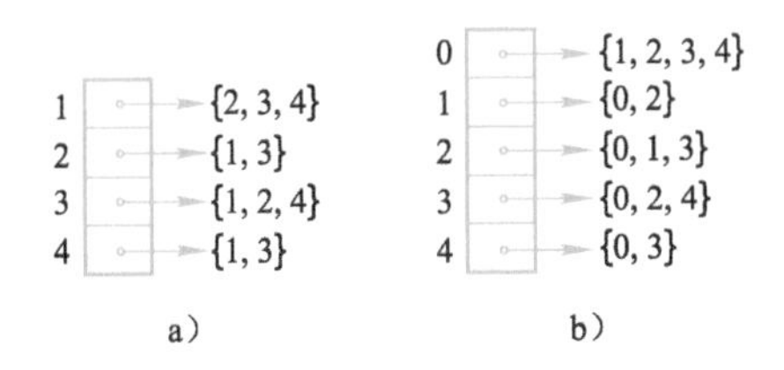

图2-12　图2-10中两个图的节点邻接表

3. 基于邻接矩阵判断一个图是否连通

给定图的邻接矩阵，例如图2-13中的两个，如何判断对应的图是连通的还是不连通的？

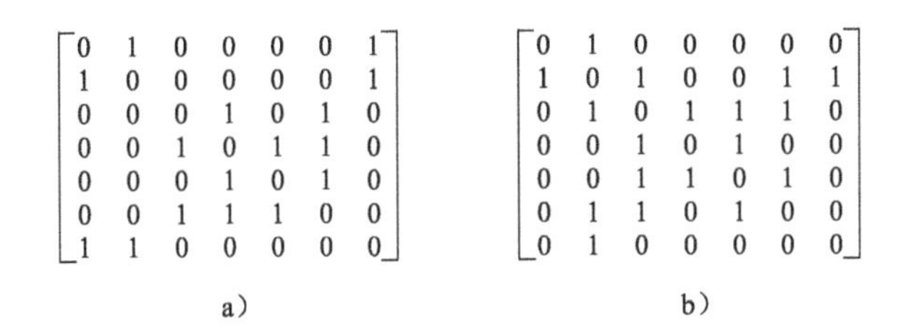

图2-13　两个图的邻接矩阵

这两个邻接矩阵表示的图的规模不大。根据前面连通的定义，仔细观察这两个矩阵，也许你能得出正确的判断。不同的读者判断的方法可能不一样。下面介绍两个基于邻接矩阵判断图连通性的算法，看看和你的思路是否相同。

（1）矩阵乘幂法

给定一个邻接矩阵A，将其行、列看成向量，让它的第i行向量和第j列向量做内积，例如，图2-13b中取i=2，j=4，则结果如图2-14所示（此例假设节点编号从1开始）。

$$[1\,0\,1\,0\,0\,1\,1]\begin{bmatrix}0\\0\\1\\0\\1\\0\\0\end{bmatrix}=1\cdot 0+0\cdot 0+1\cdot 1+0\cdot 0+0\cdot 1+1\cdot 0+1\cdot 0=1$$

图2-14　邻接矩阵行列内积例子

第2行与第4列内积的结果为1，意味着图2-13b对应的图中节点2与节点4之间长度为2的道的条数为1。不仅如此，从图2-14的式子中还可以看出所经过的是节点3。仔细体会其中的道理是很有意义的，它表达了代数与图论之间的一种关系。一般地，第i行与第j列内积的结果就是节点i与节点j之间长度为2的道的条数。

基于此就可以对邻接矩阵A自乘的结果A^2做解释，即$A^2(i, j)$是A所表示的图中节点i与节点j之间长度为2的道的条数。注意，前面分别定义了道、径、路三个概念。这里强调了是“道”，而不是“径”或“路”。为什么呢？在道的概念下，前面这种解释就是普适的。例如，可以说$A^2(i, i)$是从节点i到自己的长度为2的道的条数，即它的度数。

更有意义的是，采用道的概念，我们就可以对邻接矩阵的k次幂$A^k=A\times A^{k-1}$做统一的解读，即$A^k(i, j)$是A所表示的图中节点i与节点j之间长度为k的道的条数（而不一定是路的条数）。

上述讨论对判断图是否连通有直接的意义。连通意味着节点数为n的图中每两个节点之间都有长度不超过n−1的路。由于路也是道，于是如果节点i和j之间存在路，则$A(i, j)$，$A^2(i, j)$，…，$A^{n-1}(i, j)$中至少有一个非0。

这就相当于告诉了我们一个算法，即首先算得A的每一个幂次直到A^{n-1}，然后对每一个节点对i和j，检查对应的n−1个数A(i, j)，A^2(i, j)，…，A^{n-1}(i, j)中是否全0。如果存在一个i和j，对应的n−1个数全0，则图不连通，否则连通。

这个算法的优点是逻辑简单且实现容易，但它的效率很低（复杂度$O(n^4)$）。我们介绍这个算法的目的不是要用它，而是上面的分析带来的关于代数与图论互动的初步体验。

（2）行列合并法

这里的想法是，如果图中节点i和j之间有一条边，那么将那条边“收缩”以至于节点i和j并在了一起，结果就是少了一个节点的图[㊀]。如此继续，一条边一条边地“收缩”，如果最初的图是连通的，则最终一定会成为一个单点图（图论中称为平凡图），否则就是有多个连通分量。图2−15就是一个连通图“收缩”成一个节点的示例（其中粗边表示选择拟收缩的边）。

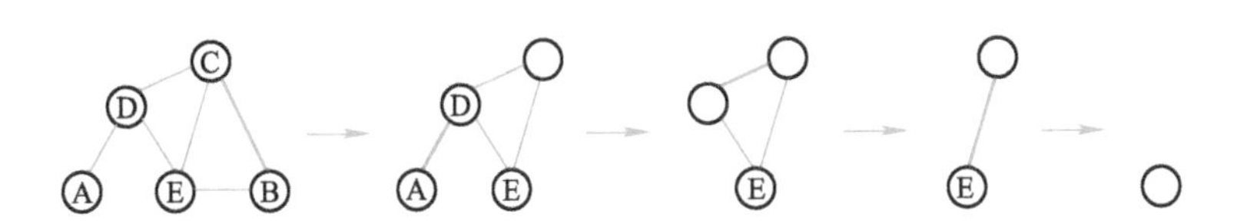

图2−15　将连通图“收缩”为一个单点图的例子

这样的想法如何体现到邻接矩阵的操作中呢？两个节点之间边的“收缩”，相当于邻接矩阵中对应的两行与两列分别“合并”成一行一列——以元素为单位做“或”操作，且总是令对角线元素为0。算法描述如下：

㊀ 如果出现多重边，则只保留一条。

输入：一个n节点图的邻接矩阵A（假设节点从1开始编号）。

输出：关于输入图是否连通的判断。

Connectedness-check-by-edge-contraction (A)

1 k = n

2 while k > 1：

3 　　检查节点1是否与某节点i∈{2,3,…,k}之间有边

4 　　如果没有，说明节点1是个孤点，判断图不连通，结束；

5 　　否则，在A中将代表节点i的行列分别合并到代表节点1的行和列；

6 　　k = k – 1

7 判断图是连通的，结束

该算法总是以节点1为基础，不断试图将其他节点“收缩”进来。如果最后只剩下它了，说明在初始图中节点1到每一个其他节点都有路径，因此就是连通图。否则就是不连通，存在一个不包含节点1的连通分量。

这里以图2-13b矩阵为例解释一下算法第5行中“行列分别合并”的含义。图2-16显示的是一个过程，首先看到节点1和节点2之间有边，因此要把节点2的邻居关系合并到节点1上，即第2行“或”到第1行，第2列“或”到第1列，得到中间的矩阵（总是令对角线为0），然后把第2行和第2列删除，得到一个较小的矩阵。这就完成了算法循环的一轮。

$$
\begin{bmatrix}
0 & \textcircled{1} & 0 & 0 & 0 & 0 & 0 \\
1 & 0 & 1 & 0 & 0 & 1 & 1 \\
0 & 1 & 0 & 1 & 1 & 1 & 0 \\
0 & 0 & 1 & 0 & 1 & 0 & 0 \\
0 & 0 & 1 & 1 & 0 & 1 & 0 \\
0 & 1 & 1 & 0 & 1 & 0 & 0 \\
0 & 1 & 0 & 0 & 0 & 0 & 0
\end{bmatrix}
\rightarrow
\begin{bmatrix}
0 & 1 & 1 & 0 & 0 & 1 & 1 \\
1 & 0 & 1 & 0 & 0 & 1 & 1 \\
1 & 1 & 0 & 1 & 1 & 1 & 0 \\
0 & 0 & 1 & 0 & 1 & 0 & 0 \\
0 & 0 & 1 & 1 & 0 & 1 & 0 \\
1 & 1 & 1 & 0 & 1 & 0 & 0 \\
1 & 1 & 0 & 0 & 0 & 0 & 0
\end{bmatrix}
\rightarrow
\begin{bmatrix}
0 & 1 & 0 & 0 & 1 & 1 \\
1 & 0 & 1 & 1 & 1 & 0 \\
0 & 1 & 0 & 1 & 0 & 0 \\
0 & 1 & 1 & 0 & 1 & 0 \\
1 & 1 & 0 & 1 & 0 & 0 \\
1 & 1 & 0 & 0 & 0 & 0
\end{bmatrix}
$$

图2-16　将边（1，2）收缩为一个节点，体现在邻接矩阵操作上的过程

这个算法与前面的乘幂法相比，效率要高很多，时间复杂度为

$O(n^2)$，利用邻接矩阵的程序实现逻辑也很简单。但当图的节点数较多，边数（m）相对较少时（例如与节点数呈线性关系），它的缺点会显现出来[㊀]。其时间效率还有很大改进空间，占用存储空间也较多（总是n^2）。

从一个节点出发，沿着边能否到达所有节点是判断图连通与否的标准。上面基于邻接矩阵的行列合并法本质上就是这种思路的一种体现。采用邻接表，通过广度优先或深度优先搜索，也可以实现类似的思路，不过不是做边的收缩，而是记住经过边到达了哪些节点，最终是不是到达了所有节点。下面就是一个这样的算法。

4. 基于邻接表求解图是否连通的一个算法

不同于前面基于邻接矩阵的算法，其中输入图数据和算法赖以运行的数据结构都是邻接矩阵，这里除了邻接表（同图2-12）是输入图数据外，还需要另外两个辅助数据结构来支持算法的运行。算法从任一节点开始沿着边向前“探索”，看从它开始是否能到达每一个节点。用一个n元一维数组（不妨叫它reached）记住哪些节点已经到达了，再用一个队列（不妨叫它tobeexplored）记住已到达但还没有基于它们探索的节点。算法描述如下：

```
输入：一个n个节点m条边图的邻接表A。
输出：关于输入图是否连通的判断。
Connectedness-check-based-on-adjacency-lists(A)
1  用任一节点初始化reached和tobeexplored
2  while tobeexplored非空：               # 直到为空
3          current = tobeexplored.pop()     # 取出并删除头元素
4          对current的每一个邻居节点v：      # 从A中直接可得
```

㊀ 节点数很大，边数与节点数在一个数量级的图在应用中是很普遍的，尤其在大数据应用中。体现在邻接矩阵中，就是绝大多数矩阵元素都为0。这样的矩阵也称为“稀疏矩阵”。

```
5           if reached[v] == 0:            # 即首次到达
6               reached[v] = 1             # 设置已到达标志
7               tobeexplored.append(v)     # 将它添加到待探索节点的队尾
8   如果reached是满的，则图是连通的，否则图就是不连通的
```

该算法的复杂度为O(m)，这是因为每条边最多被考虑两次（对应其中的第4条语句的执行次数），存储空间和邻接矩阵相比也可以省很多。但由于reached和tobeexplored两个数据结构的引入，算法逻辑要复杂一些。下面来看它的正确性。

如果图是不连通的，那么就有一个节点是从初始节点不可达的。注意到算法中reached[v]=1是因为有边相连（邻居节点），从初始节点不可达的节点不会在reached中记录，因而将导致判定不连通。如果图是连通的，需要说明任意节点v都会通过算法的第5条语句到达第6条语句，但只要说明v的某个邻居节点有过此经历就够了（该邻居将通过第4条语句将v引出来）。这可以针对节点v到初始节点的距离做归纳法。初始情形即距离为1的那些节点，也就是初始节点的邻居。

9 连通的代价

前面讨论了如何判断一个图（或者网络）是否连通的问题，接下来看如何把一些节点连通起来并且代价最小。可以把节点看作一些城市，它们之间的直飞航线是边，代价则是在它们之间开辟直航的成本。

如果有n个节点，两两之间都开辟直飞航线，就可以在任何两个城市之间便捷地来往，但一共要有n(n−1)/2条航线，显然成本会很高。现实中，人们总是选择性地在某些节点之间建立边，因此有些城市之间可以直航，有些则需要通过转机来实现通达。也就是说，一个图的有些节点之间可以没有边，但任何两个节点之间都存在路径，即一个连通图。

这就有了两个层面的问题要考虑。第一，最少需要多少条边就能保证连通？如果有n个节点，用n−1条边就可以把它们都连通起来。第二，由于不同的边很可能意味着不同的代价，那么用哪n−1条边的总代价最低呢？即相关各边的代价之和要最小。这就是下面要讨论的问题。

前面提到，n个节点如果两两都有边（对应的图称为完全图），一共是n(n−1)/2条边。现在要找出其中的n−1条，也就是从n(n−1)/2条中选出满意的n−1条。如果用枚举法，效率会很低。

下面先看一个简单的例子，应用背景假设为校园网建设。一所学校有4个校区（A、B、C、D），现在要将它们用光纤连接起来，建立统一的校园网。经过前期测量，校区两两之间铺设光纤的代价如图2-17所示，其中上面是表格形式，下面是等价的边加权图。

为了将4个校区连起来，至少需要3条光纤。现在一共是6条边，从中取3，共有20种可能。从图2-17中也能看到，如果选取B—C、B—D和C—D这3条边，代价（18）是最小的，但这种组合并不合格，因为所形成的图不连通，节点A与其他节点之间没有路径。仔细看一看，20种可能中有16种是符合连通性要求的，如图2-18所示。

连接	A，B	A，C	A，D	B，C	B，D	C，D
代价	10	8	9	6	5	7

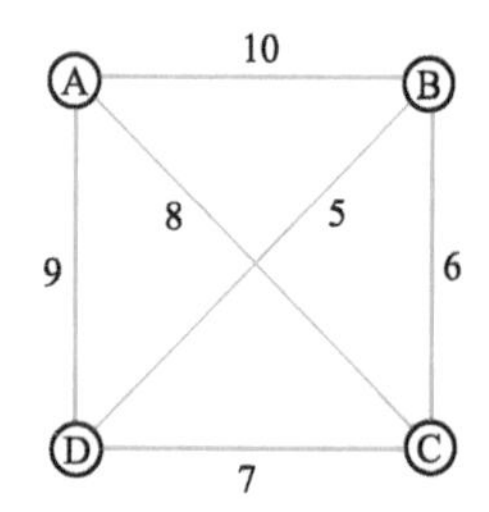

图2-17　校区之间铺设光纤的成本

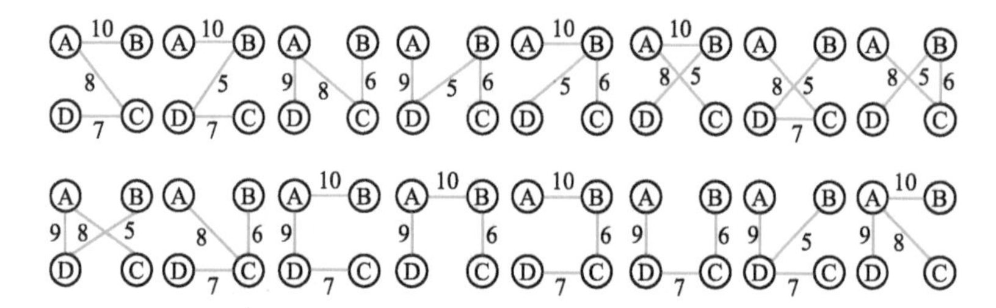

图2-18　图2-17所示图中包含的所有生成树

图2-18中的这16个图都称为图2-17中图的“生成树”（有时也称为“支撑树”）。每一棵这样的树，都是把4个校区连通起来且没有回路的一个“可行解”。每一棵树的边上的权重之和就是它的“代价”。代价最小的生成树叫作“最小生成树”，是这个问题的“最优解”。就这个例子而言，一个个比较下来，可知第1排第8个就是我们希望的结果，其代价为5+6+8=19。

如果图的规模稍微大一点（见图2-19），像上面这样把可能的结果全部列举出来，一一考察并取最小代价者的方法是不现实的，应该采用更好的方法。

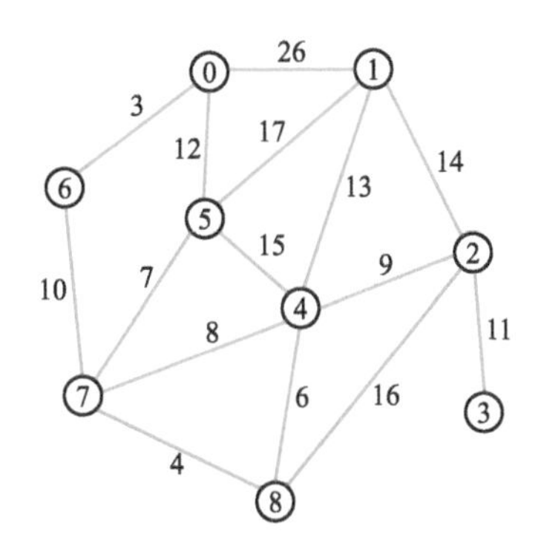

图2-19 一个具有9个节点、15条边的加权连通图

离开具体应用背景，现在来考虑这样一个抽象的问题：给定任意边加权连通图，如何高效求得其中一棵最小生成树？

基于不同的思路，计算机科学家发明了多个求最小生成树的算法。下面介绍的算法有一种“动态画面感”，即一棵树在算法过程中一条边一条边地逐步“生长”完成。下面将按照算法基本思路→算法描述→算法运行示例→算法分析这4个步骤来展开介绍，最后进行延伸讨论。前3步只讲怎么做，为什么这样做是有效的则放在第4步中论证。

1. 算法基本思路

记图G的节点集合为V，边集合为E。设其节点数为n，边数为m。这个算法的思路相当朴素，它基于输入图的加权边集合，从中每次选取一条“可行的”且权值最小的边作为“生长边”，直到选够

n−1条边。

什么是“可行的生长边”？最开始就是权值最小的边，它涉及两个节点。想象在这个算法的执行过程中一棵树逐渐长成，后面的“生长边”就是其两个端节点，一个在已经部分长成的树中，一个在树外的边上。当把这样的边选取出来后，就相当于树又增加了一个节点。不难看到，如此选边，当达到n−1条边时，所有节点（n个）就都被囊括了，也就成了一棵生成树。图2-20是一个示意，在任何时候，输入图的节点集合都可以看成左右两个子集合。初始的时候，左边子集由权值最小的一条边的两个节点构成，然后进行n−2轮挑选边的过程，每一轮都要在当前跨左右两个集合的边中挑出一条权值最小的，把该边右端的节点移到左边集合来。

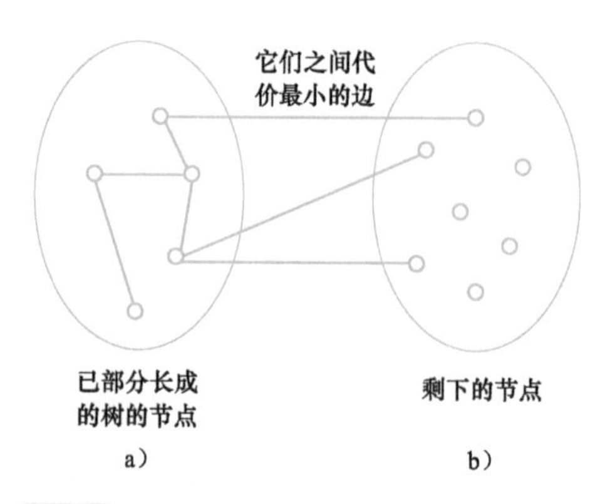

图2-20　一种求最小生成树算法的过程示意

据此，可以给出如下算法描述。其中，V_L和V_R分别对应图2-20a和图2-20b示意的左、右节点集合。

2. 算法描述

求加权图最小生成树的一种贪心算法如下：

输入：加权连通图G的边集合E，节点集合V，设它有n>2个节点。
输出：G的一棵最小生成树的边集合，MST。

```
1  MST ← E中权值最小的一条边(u,v)
2  V_L←{u,v}，V_R←V—{u,v}
3  while V_R不为空:
4       设(u,v)是图G中在V_L和V_R之间的权值最小的边，且u∈V_L，v∈V_R
5       V_L ← V_L ∪ {v}
6       V_R ← V_R — {v}
7       MST ← MST ∪ {(u,v)}
```

其中，第4步是核心。由于G是连通图，任何时候两个非空的V_L和V_R之间的边集合不为空，因此第4步总可以有个结果，于是可以往下进行，直到G的所有节点都被移动到V_L。

在算法描述中用到了“贪心”二字。这指的是算法设计的一种“策略”。简单来讲就是将算法看成若干阶段操作的执行，每一阶段都要做选择，贪心法就是在每个阶段只考虑当下如何最好，而不管它是否对后面的阶段或对整个结果产生什么负面影响。这种求解问题的策略在现实生活中其实也常常出现。有时候你无法对办成一件事的每一步都预先想清楚了再行动，只能走一步看一步。

一般来说，贪心法执行效率高，总能得到问题的一个“可行解”，但不一定能得到“最优解”。不过对于最小生成树问题来说，这里描述的算法总能给出最优解。这将在后面的分析部分证明。

3. 算法运行示例

这里用图2-19中的图作为例子，为方便起见，重新画于图2-21a，它有9个节点、15条边，边上标有对应的权重，最小的是3，最大的是26。按照上述算法，8条边的选出顺序如图2-21b所示，图2-21c则是最后的结果，其中黑色实线为选出的边。

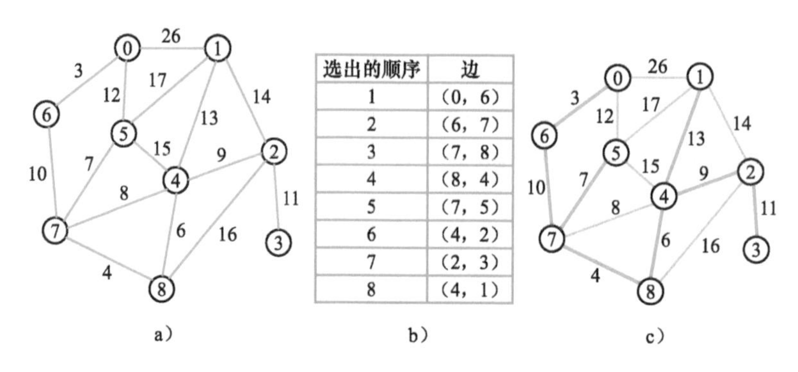

选出的顺序	边
1	（0，6）
2	（6，7）
3	（7，8）
4	（8，4）
5	（7，5）
6	（4，2）
7	（2，3）
8	（4，1）

图2-21　最小生成树算法的一个运行示例

这个过程也可以做一下解构。如图2-22所示，给出了对应于图2-20形象化描述的前三步的结果。为清晰起见，图中只画出了恰好有一个端点在左边集合中的边。可以看到，初始选取了边（0，6），也就是用节点 0和6初始化左边的子集V_L后，节点7、8、4相继被移过来的过程。注意到左、右两个节点集合中间的边的变化是有意义的。尤其是从图2-22c到d，节点4的选中是因为边（8，4）而不是（7，4）。一旦它被移到左边后，边（7，4）也就不再考虑了。

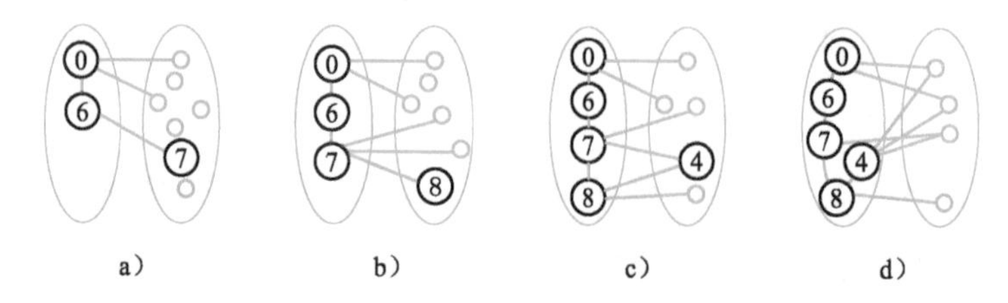

图2-22　图2-21算法运行示例的初始化和前三步

这里值得一提的是，虽然此例中的最小生成树是唯一的，但一般来说取决于边的权重的情况，最小生成树不一定唯一。这容易理解，一个极端情况就是所有边的权重相等，任何生成树都是最小生成树。

4. 算法分析

通常算法分析涉及两个方面。一是看它在各种可能输入数据的情况下是否都能达到其目标，即它是不是一个正确的算法；二是看它实现目标的效率如何，即时间复杂度。

这是一个正确的算法吗？正确性在此可以考虑为两个层面的含义。一是能否给出一棵生成树，二是给出的生成树是不是最小代价的。关于第一点，前面已经讨论得比较充分。算法的while语句意味着所有节点一个个地随着选中的边从右边移到左边，算法的第4条语句保证了由这些边构成的图是无环的，即为一棵生成树。如果作为算法输入的图不是连通的会怎么样？那算法第4条语句就会在循环的某一次迭代中执行不下去（即找不到一条边）。因此要求输入图是连通的。

下面讨论关于正确性的第二个层面，为简单起见，假设边的权值都是不相同的。我们先想想为什么权值最小的边（即算法初始选取的那条边）一定会在最小生成树中？那是因为如果它不在某个最小生成树T中，那么把它加进T，就会形成一个环，环上每条边都比它的权值大，于是可以删去一条，得到一棵总权值更小的生成树，这就和之前设定T是最小生成树矛盾了。以归纳法的思想推广上面的考虑，假设算法选的第1，2，…，i-1条边都是对的，第i条边（记为e）不对了。也就是说有一棵最小生成树T，包含前面i-1条边，但不包含e（假设e的两个端点是u和v，且u在V_L中，v在V_R中）。那么，T中u和v之间的路径就包含一条跨越V_L和V_R的边（e′），它的权值比e的权值大。此时就能想到，T+e中有一个回路，其中包含e′，于是T+e—e′就是一棵比T代价更小的生成树，与前面假设的T是最小生成树矛盾。

这个算法的效率如何呢？观察上面算法的描述，我们看到一个

while循环，它将执行n−2次。其中的语句4就是每次都对E中的边一一考察，看两个节点是否跨V_L和V_R，取其中权值最小的。这个操作在最简单的数据结构（例如线性表）支持下就可完成。前面假设了E包含m条边，那么就可以说该算法的复杂度是O(mn)。

5. 其他讨论

最小生成树问题的应用很广，但凡涉及在一些地点之间铺设管线，或者修建道路，其成本大体与总长度正相关。而且由于地形、地貌、障碍等因素，两个节点之间所需管线的长度常常不只是它们之间的直线距离长度。以让所有相关节点之间都能连通为基本要求，以最小化连通代价为目标，一个典型的模型就是求加权图中的最小生成树。

针对最小生成树问题，人们研究出了多种贪心算法，它们都能高效地给出最优结果。对同一个问题，贪心算法的不同指的是什么呢？就最小生成树问题而言，就是一棵生成树形成的过程。在这个意义上，前面介绍的算法（不妨称为H算法）有两个要点：一是从一条权值最小的边开始，逐步加进“可行的最小生长边”；二是在整个过程中维持着一棵部分形成的树。其他比较著名的还有Kruskal算法和Prim算法等。

Kruskal算法也是从一条权值最小的边开始，逐步加进可行的最小生长边，但在过程中并不总是维持一棵部分长成的树，而是维持一个森林（多棵树的集合）。对Kruskal算法而言，“可行的”只是意味着“不造成回路”，并不要求两个节点之一要在V_L中，因而比H算法的要求低。

Prim算法则是着眼于节点，从任意一个节点开始，一个节点一个节点地“生长”一棵树。类似于H算法，整个过程中有图2−20所示的

V_L和V_R两个部分，每次要看的是V_R中的哪一个节点与V_L中的节点之间的边的权值最小，等价地也就是得到了H算法中的“下一条边”。因此可以认识到，如果Prim算法的初始节点是E中权值最小的边的一个端点，最小生成树边的取出顺序就和H一样了。在这个意义上，可以说H算法是Prim算法的一个特例。进一步研究表明，将着眼点放在寻找下一个节点上，通过比较复杂的数据结构支持，Prim算法的复杂度可以做到O(mlog(n))。

为什么对同一个问题会有多个相似的算法？一方面，反映了问题的重要性和吸引力，许多人独立开展工作，于是可能得到不同的结果；另一方面，不同的算法可能展现出不同的优势，更好地适应不同的输入数据。而且，不同的算法还可能带来对问题本身认识的深入。例如，细心的读者可能已经看出，Prim算法蕴涵了最小生成树的一个性质：每个节点的权值最小的关联边一定在最小生成树中。有兴趣的读者可以查看图2-21c是否满足这个性质。

10 数据压缩

以数字化和网络化为技术标志的信息化社会，数据越来越多，单个数据体的规模越来越大。30年前，谈到数据文件的大小，人们主要谈KB；20年前，MB流行起来；10年前，GB已进入日常视野；现在，TB也已司空见惯。

随着应用数据规模日益扩大，存储技术和通信技术也在不断改进。在它们之间缓冲的，则是数据压缩技术。日常人们接触多的当数各种文件压缩软件了。每个文件压缩软件背后都是某种压缩技术，常常基于某种公开的规则。

数据压缩的目的，是要用较小的空间（数据量）准确或近似表达原本在一个较大空间里表达的信息。各种压缩技术中的规则，本质上都是算法。它们将输入数据变换为规模较小的输出数据，如图2-23所示。无损压缩意味着可以从结果中完整恢复原始数据，例如文本的压缩。有损压缩则允许原始信息在结果中有所丢失，当然应该在可以接受的范围内，例如图像或视频的压缩。以下只讨论无损压缩。

图2-23 数据压缩示意

数据是信息的表达或编码。一个数据可以被压缩，一定是它表达所蕴含信息的效率不足够高，或者说有冗余。下面讨论文本数据的压缩。所谓文本数据，即有一个预先知道的有限字符集C，任何文本T都是由该字符集中的字符构成的字符串，可能很长很长。压缩的对象是T，但可以运用C的知识（例如其中有多少个字符）。例如，一篇文章除去插图后，就是一个字符串（T），它的字符源于一个包含汉字、英文字母、标点符号、空格、换行等字符的字符集（C）。

数据压缩的概念和实践，至少有500年历史。由于数据压缩既有实用性，又呈现引人入胜的智力挑战，几百年来不断有人尝试新的思路。有些思路简单奇妙，例如下面这样一个例子。

设字符集C有40个字符（虽然很少，但已经相当实用了，例如可包含26个英文字母、10个数字、3个标点和1个空格）。在不考虑压缩的情况下，常规就是每个字符用1个字节编码。如果注意到$40^3=64\ 000<65\ 536=2^{16}$，就会发现有机会了：对于任何字符串T，总是可以将它的字符按顺序3个一组，那么全部可能一共有$40^3<2^{16}$种。于是我们可以用2字节即16位给这种“三元组”完整编码。也就是说，本来需要3字节表示的信息，现在用2个字节就够了，于是压缩比为3/2=1.5，而且与T的具体内容无关。是不是相当不错？

现在人们常谈计算思维，计算思维有一个特征叫“系统观”（或系统思维），它对有效理解一些具体技术很有帮助，有些类似于树木和森林的关系。有了这种观念，在理解林林总总的数据压缩算法细节时就不会迷失方向。图2-24是理解数据压缩问题的一种系统观。理解一个算法为什么能有效工作，与对这样一个“系统”的理解直接相关。例如，其中的“相关知识”指的是什么？它为什么既和编码有关，也和解码有关？从上面讨论的例子来看，它至少要包括字符集C，以及2字节与3个连续字符的对应关系。一般地，就是要有字符集和“码表”（code book）。

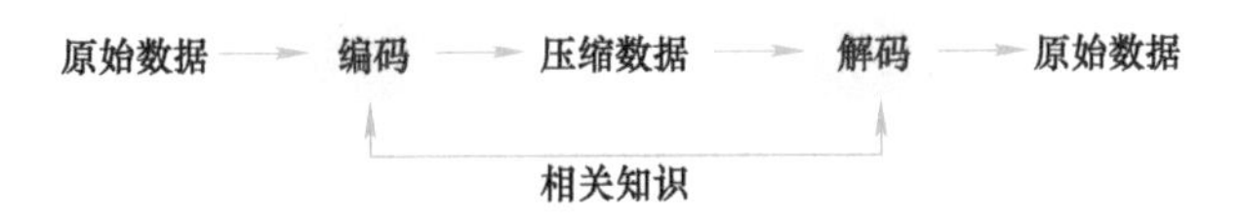

图2-24　数据压缩问题的系统观

前面例子的一个重要特点是它的压缩比是固定的（1.5）。好处就是它提供了一个保证，无论什么文本，都会是这个样子。不尽如人意之处就是它没有利用文本自身可能对压缩有帮助的特点。例如，叠字联："重重喜事，重重喜，喜年年获丰收；盈盈笑语，盈盈笑，笑频频传捷报。"（32个字），我们能感到某种"冗余"。其中有些字（符号）多次用到，有些则只用了一次。如果按照每字符1个字节编码，需要32字节=256位，若按照前面例子中的算法编码，这里是11组，于是需要22字节=176位。下面重点介绍哈夫曼编码算法，充分利用文本自身的特点，对这个例子能给出表2-1所示的压缩编码结果，总共只需4×3+4×3+4×3+3×3+3×4+2×4+2×4+10×5=123位。

表2-1　哈夫曼编码一例

字符	重	，	盈	笑	喜	年	频	事	获
频率	4	4	4	3	3	2	2	1	1
编码	100	010	011	001	1110	1000	1001	10100	10101
位数	3	3	3	3	4	4	4	5	5
字符	丰	收	；	。	语	传	捷	报	
频率	1	1	1	1	1	1	1	1	
编码	10110	10111	11000	11001	11010	11011	11110	11111	
位数	5	5	5	5	5	5	5	5	

哈夫曼编码是David A. Huffman于1952年发明的一种无损编码方法，当时他还是MIT的一个学生。观察表2-1中第三行的编码数据，可以看到不同字符用到的位数有所不同，这种方式称为可变字长编码。

该方法的思路很自然，它依据符号在文本（T）中出现的概率（频率）来编码，让概率较高的编码较短，概率较低的编码较长，以期获得最短的平均编码长度。下面就来看给定一个文本T，如何生成其中符号的哈夫曼编码的算法。为方便起见，此处用一个比上述叠字联更小的例子来解释其过程。

一般而言，给定文本T，先要对它做一个扫描，统计其中每个符号出现的频次。这个过程很简单，用哈希表来支持做这件事，时间效率相对于T的长度就是线性的。哈夫曼编码算法，则是基于上述过程的结果展开的。

给定字符集合$C=\{C_1, C_2,\cdots, C_n\}$和对应出现的频次$f=\{f_1, f_2,\cdots, f_n\}$，要将C中的字符编码，使得总码长尽量短，即若以$L_i$表示$C_i$的编码长度，追求$\sum f_iL_i$的极小化。

例如，文本串“SHA HGH SHS HSH HAA”中一共有19个字符（空格也是字符）。若用ASCII码，每个字符1个字节，整个码长就是19×8=152（位）。有办法提供一种不同的编码，缩短总码长吗？

前面已经提到，哈夫曼编码的基本思想是让出现频率高的用较短的码，低的用较长的码。从而希望能减小$\sum f_iL_i$。对上面这个例子而言，有5种不同的字符，S出现4次，H出现7次，A出现3次，G出现1次，空格出现4次，可得字符频度对应表（见表2-2）前两行所示。继续应用一下这种基本思路，给出表2-2第三行所示编码。

表2-2　字符频度对应表

符号	H	S	空格	A	G
频率	7	4	4	3	1
编码	0	1	00	01	11
位数	1	1	2	2	2

没错，每个符号对应一个唯一的编码，于是上面例子的总码长就是：

$$7\times1+4\times1+4\times2+3\times2+1\times2=27位$$

这可比按照ASCII编码的152位少太多了。即使不用ASCII编码，对这5个符号用3位定长编码，那总码长也需要19×3=57位。但是，细心的读者马上会意识到一个问题，按照这种编码方式，那文本“SHA HGH SHS HSH HAA”的编码就是：

1001000110001010001000000101

回顾图2-24所示的系统观，如果其中的“相关知识”就是表2-2第一行和第三行给出的码表，你能从这个0/1串中解码出“SHA HGH SHS HSH HAA”吗？你会说，那第一个1不就代表S吗？可是，后面连着的两个0到底是代表两个H还是代表一个空格呢？

这就出现了“前缀码”问题，即有些字符的编码是其他字符编码的前面一部分（前缀）。例如，H的编码0就是空格编码00的前缀。这样的编码单个看没问题，放在一起解码时就会有二义性，是不能接受的。这是不定长编码必须克服的一个基本问题。所给出的码字不能出现一个是另一个前缀的情况，下面看看哈夫曼编码是怎么做的。

给定字符集合和频数集合，哈夫曼编码的过程可以形象地看成自底向上建立一棵二叉树的过程。每个叶节点对应一个待编码的字符，该二叉树的每一条边用0或1标记。一旦这棵树建立完成，叶节点（也就是字符）的编码就是从根到达它的每一条边上标记的序列。这样，一个叶节点离根越远，它的码字就越长。因此，建树过程是哈夫曼编码算法的核心，如下所述。

从字符频数集合$f=\{f_1, f_2,\cdots, f_n\}$开始，不妨想象它们是某棵二叉树的n个叶节点，每一次取其中最小的两个，f_i和f_j，向上形成二叉树的一个“内部节点”，命名为f_{ij}，让它也有一个频数$f_{ij}=f_i+f_j$，放到f中，同时从f中去掉f_i和f_j。如此这般继续考察f，不断形成新的内部节点，可以由两个叶节点、两个内部节点或一个叶节点和一个内部节点产生，完全取决于f中元素的频率值，直到最后剩两个元素，构成树根。在这个过程中，不难想象每次都有两条向上的边，将它们一个标记0另一个标记1。

为了强调二叉树建立的意象，在下面的算法描述中引入了“节点”（node）的概念，将它看成是一种抽象数据，包括node.value，node.left和node.right几个要素。哈夫曼树，就是由若干相互关联的节点构成的集合，记为H。算法描述如下：

```
# 输入：n个字符C={C1, C2, …, Cn}；
# n个字符出现频次f={f1,f2,…fn}
# 输出：一棵哈夫曼树H，初始化为空
# 其中的节点包含值value、左子节点lchild及右子节点rchild属性
1    for i = 1 to n:                # 用初始频数值创建n个叶节点
2             node[i].value ← fi
3             node[i].lchild ← ϕ
4             node[i].rchild ← ϕ
5             H ← H + node[i]
6    k=n+1                          # 准备自底向上添加中间节点
7    while f{} has more than one element:
8           get two lowest frequencies fi & fj from f{}
9               node[k].value ← fk = fi+fj
10              node[k].lchild ← node[i]
11              node[k].rchild ← node[j]
12              H ← H + node[k]
13              delete fi & fj from f{}
14              add fk to f{}
15          k++
```

树建好以后就可以生成每个字符的编码了。从根节点开始，采用深度优先搜索算法即得。例如，约定从一个节点到左子节点的边的标

号为0，往右子节点的为1，按序记住搜索路径边上的编号，每到达一个叶节点就相当于完成了一个字符的编码。

我们用表2-2的例子“SHA HGH SHS HSH HAA”，根据表中前两行符号与频次的对应关系，运行上述算法，得到的哈夫曼树如图2-25所示。

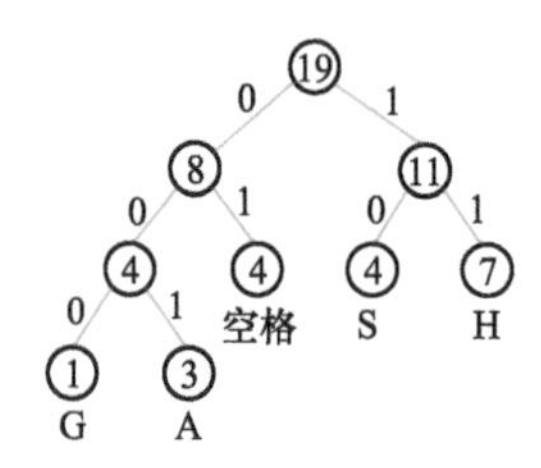

图2-25　哈夫曼树的一个例子

基于该树，得到每个符号的哈夫曼编码（码表）见表2-3。

表2-3　按照哈夫曼树生成的字符编码

符号	H	S	空格	A	G
编码	11	10	01	001	000
频率	7	4	4	3	1
位数	2	2	2	3	3

按照这样的编码，“SHA HGH SHS HSH HAA”就是：

1011001011100011011011100111101101110 01001

其长度=7×2+4×2+4×2+3×3+1×3=42，比前面那个有问题的27要长不少，但与最节省的3位等长码相比也要好不少（42/57≈73.7%）。现在你要想的是，如果给你这样一长串码和表2-3前两行所示码表，你能准确无误地给出（解码出）“SHA HGH SHS HSH HAA”吗？

这是一个正确的算法吗？看建树过程，while循环为什么能够结束？假设n≥2，那么开始总能在f中找到两个元素，使循环的第一轮进行下去。我们看到，每一轮循环在第13、14行，f都是增加一个元素，减少两个元素，即净减少一个元素，做了n−1次后，其中就剩下一个元素了，循环不再执行，程序结束。也就是说，恰好执行n−1次，创建了n−1个非叶节点（这与满二叉树的性质是相符的，即n个叶节点的满二叉树有n−1个非叶节点）。最终在H里面就有2n−1个节点，循环中新节点的创建部分让我们看到那些节点之间的关系是满二叉树。

由于具体实现细节不同，得到的哈夫曼编码可能不唯一，但其$\sum f_i L_i$是一样的，而且都有高频字符编码不长于低频字符编码的性质。也就是说，对同一个字符串T，不同的人对其中的符号做哈夫曼编码，给出的码表可能是不同的（从而对T的编码也就不同），但都是正确的。例如，表2-4也是一个对我们例子中的符号进行哈夫曼编码得到的码表。

表2-4　与表2-3不同的另一种哈夫曼编码的结果

符号	H	S	空格	A	G
编码	10	01	00	111	110
频率	7	4	4	3	1
位数	2	2	2	3	3

此时“SHA HGH SHS HSH HAA”的编码就变成（长度还是42）：

011011100101101000011001001001100010111111

为什么哈夫曼编码是无前缀码？这从哈夫曼编码树的定义及编码生成的过程容易看到。首先，由于二叉树的节点有层次，以及每个节点两个分支上的标记不同，每一个叶节点的编码就是唯一的。由于编码都是针对叶节点的，于是从根节点到一个叶节点的路径就不可能是另一条路径的前缀。即一个字符的编码不可能是另一个字符的前缀。正确性的另一方面是问如此产生的编码是否最优？即在无前缀码的条件下，$\sum f_i L_i$ 是否不可能更小。结论是肯定的，此处不再证明，有兴趣的读者可自行参阅文献。

这个算法的效率如何呢？在建树部分，基本就是一个两重循环。外循环执行n−1次，内循环就是在f中找两个最小的元素。于是可以说复杂度为$O(n^2)$㊀。在码字生成部分，深度优先遍历一棵有n个叶节点的二叉树，复杂度为O(n)㊁。这里请读者注意，如果在生成哈夫曼树的过程中保留适当的信息，一旦完成，可以直接输出码表，后面这个码字生成的步骤就可以省去了。

另外，前面提到应用哈夫曼编码还有一项前期预处理工作，即对原始数据（字符串）进行扫描，得到字符集C和频次集f，其时间消耗与原始数据量（即T的长度）成正比。

那么哈夫曼编码的“缺点”呢？回到图2-24所示的系统观，假设有A和B两个人，A总会有一些文本发送给B。他们决定采用数据压缩的方式。A将文件压缩，发送给B，B解压后得以看到原文。如果采用哈夫曼编码，每次A发给B的不仅是压缩后的文件，还要有类似于表2-3或表2-4前两行那样的码表。这是因为，按照我们描述的算法，输入是字符出现的频次表，那是取决于具体文本的。这意味着，同样的字符，在文本T1和T2中对应的编码很可能不一样。于

㊀ 利用先进的数据结构实现频数集合f，便利查找其中两个最小的数，能做到O(nlogn)。

㊁ 对于一般的图，深度优先搜索的复杂度是O(n+m)，其中n为节点数，m为边数。这里因为是二叉树，m=n−1，所以就是O(n)了。

是，B为了能够解压，既需要有压缩后的文本，还需要有与该文本相适应的码表（对应图2-24中的“相关知识”）。由于码表本身也要占存储、占带宽，若T不足够大，综合起来就不一定合适了。这种情况在最开始提到的那个小例子中就不会出现，B只要最开始收到一次码表就可以了，之后用的都是相同的。

在实际中应对这样一种状况的方法是假设人们生成的文件，尽管内容会各种各样，但用字的频率分布是基本稳定的（大量统计表明的确如此）。于是就可以一次性确定字频表，生成哈夫曼编码，用于后面所有文件的压缩。这样，哈夫曼树只需要构建一次生成一个码表，而接收方也就不用每次都需要接收新的码表了。可以想到，这里的代价就是损失一些压缩比。

11 最短路径

在道路网络中确定起点到终点的最短路径的问题，可以抽象为一个有向图模型。图中每个节点表示一个“路口”，对任意节点u、v，存在uv边当且仅当从u到v有“路段”直接相连（即中间没有其他路口）。也可以建立无向图模型，则任一条边对应于双向可通行的路段。

1. 用广度优先搜索（BFS）算法求解

先来考虑有向图模型上一种最简单的情况：假设每个路段长度均为1。那么，从u到v最短路径的长度即为所有uv路中包含的边数的最小值，也称为从u到v的距离。

假设房间的角上有个水龙头，其所在位置是房间地面的最高点。地面高度向房内其他地方极其平缓地均匀下降。将水龙头开到适当大小，水会在地面以扇形缓缓漫开。如果每间隔固定时间段记录一次漫水区域的边界，最终将看到一道道大致平行的弧线。它们反映了边界上的点与水龙头位置的大致距离。

在图中遍历所有节点的常用算法包括“深度优先（DFS）搜索”与“广度优先（BFS）搜索”。从上面的类比中很容易想到，考虑点与点的距离时应该采用广度优先算法。

图2-26给出了一个简单的例子，指定a为起点，则广度优先搜索生成的BFS树可能如图2-26b所示。

图2-26b中每个节点名称旁标的数字表示从起点a到该点最短路径长度。在广度优先搜索过程中，距离a较远的节点被发现的时间一定晚于较近的节点。

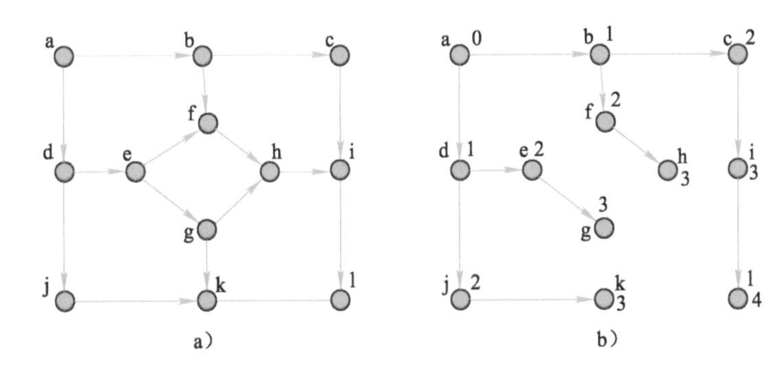

图2-26 在有向图上做广度优先搜索

这个例子显示了广度优先搜索过程与最短路径的关联。由此在每条边长度均为1的假设下，可以用广度优先搜索算法来解最短路径问题。

为了体现前面的类比中漫水区前缘均匀推进，算法用队列Q放置当前已经“看见”并等待处理的顶点。队列“先进先出”的特性恰好符合均匀推进的需要。每个节点有两个参数：d表示从起点到该点的距离，初始值为∞；p表示在生成的BFS树中该点的“父节点”，初始值为nil。算法过程如下：

```
BFS(G,s) # G是有向图，s为图中指定的起点，
         # s到图中其他任意节点均有有向通路
    对除s以外的所有节点初始化 # 状态标为“未发现”，
                              # d值置为∞，p值置为nil
    对s初始化          # 状态标为“已发现”，d[s]=0, p[s]=nil
    将队列Q置为空
    enqueuer (Q, s)    # 对象s进队列Q
    while Q非空：
        u=dequeuer(Q)  # 队列Q首部对象出队列，成为“当前顶点”u
        for u的所有相邻顶点v:
            if v状态为“未发现”：
                将v的状态改为“已发现”
                d[v]=d[u]+1
```

```
            p[v]=u
            v进队列Q
    for 所有顶点v:
        按照d[v]输出从s到v的最短路径长度
        按照p[v]逆向构造从s到v的路径
```

广度优先搜索算法对图中每个节点只“发现”一次，在搜索所有节点的邻接表过程中每条边只处理一次，因此算法的时间复杂度为O(m+n)。读者不妨用前面的例子模拟一下队列操作的全过程，这样对广度优先搜索算法会有更清楚地理解，并能理解为什么算法结果是正确的。

在实际应用中要求每条边长度为1是不合理的。根据应用的含义，我们给每条边指定一个确定的数值，这称为“权”，相应的图称为“（带）权图”，显然BFS算法不能用于带权图。解题时可以考虑一种重要的思路：问题归约。我们可能会想，当前的问题是否可以改造成已经解决的某个问题，利用那个问题的解得到当前问题的解。那么是否能将带权图归约为BFS可以处理的图呢？如果权值均为正整数，这非常简单。对应输入的任意图G（每条边有正权值），按照如下方式构造图G′：G′的节点集包含G中所有的节点；对应G中每条边e（假设权值是k），在G′中用一条长度为k的有向通路替换，通路的端点即G中边e的端点，方向保持一致。通路中的k−1个中间节点是G中没有的。G′中的边没有权值。读者很容易证明，基于BFS算法对G′的计算结果可以得到原问题（对带权图G）的解。

BFS算法的复杂度是线性的，上述方法对于输入图G而言还是线性的吗？

2. 带权图的最短路径算法

可以将带权图理解为输入除了上述的G和s外还包括一个函数w，其定义域为图中的边集，值域通常是数集。简单地说每条边有个确定的数值，其应用含义可以是相应路段的长度、运输成本、通过时间等（在与道路交通无关的应用中也可以是其他任意合理解释）。一条通路的权值定义为它包含的所有边的权值之和。因此，最短路问题就是找出总权值最小的路径。

注意：如果图中s可以通达某个总权值为负值的回路，“最短”就无意义了。假设所有边的权值均非负，一个带权有向图的例子如图2-27所示。

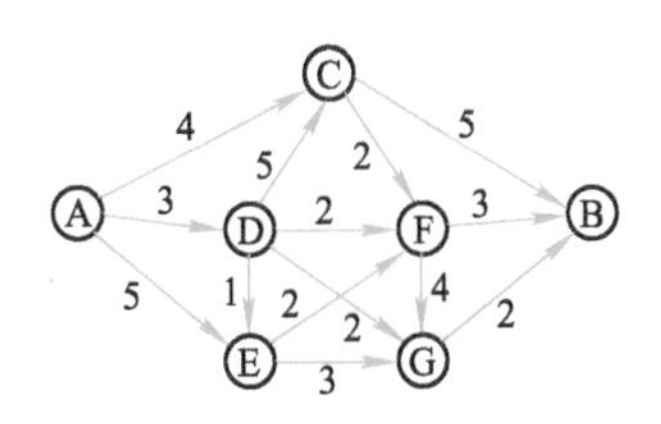

图2-27　带权有向图

假设我们需要计算图中从节点A到B的最短路径，最“朴素”的贪心策略不能保证找到正确的解。假如从A开始始终选择“当前”顶点所关联的权最小的边前行，结果是A→D→E→F→B，路径长度为9。但是路径A→D→G→B长度为7（这确实是最优解）。

有一种方法可以保证找到最优解。用S[v]表示从A到v最短路的长度，从终点“反推”，可得：

1. S[B] = min{S[C]+5, S[F]+3, S[G]+2}（注意这个式子的形成规则）

2. S[G] = min{S[D]+2, S[E]+3, S[F]+4}

3. S[F] = min{ S[C]+2, S[D]+2, S[E]+3}

4. S[C] = min{4, S[D]+5}= 4

5. S[E] = min{5, S[D]+1}

6. S[D] = 3

从下往上逐次代入，很容易得到：S[B]=7，这就是最优解。我们可以将S[v]看作待解问题的子问题。如果子问题S[u]的计算需要用到子问题S[v]的结果，就说前者“依赖”后者。这个方法称为“动态规划”。动态规划需要计算所有的子问题，似乎会导致指数级的复杂度。但是如果能够仔细地对所有子问题排序，保证被依赖的一定会先计算，并且能设计一种可以快捷地存取子问题解的方法，那么就可能设计出非常有效的算法。因此，动态规划是一种很重要的算法设计方法。

下面介绍非常著名的Dijkstra算法。Dijkstra算法用非常简单的贪心策略的“形”，包裹了动态规划算法保证正确的“魂”，却又针对问题的特征，避免了烦琐的子问题定义与结果存取，采用逐个为图中节点加标号（对应算法过程中间已看到的从源节点到该节点的距离）的方式计算从起点s到图中所有其他节点的最短路径长度（也称距离）。因为算法计算的是从特定起点到其他所有点的最短路径，所以通常称为“单源最短路算法”。

为了使读者更容易理解Dijkstra算法，我们把前面关于水龙头的类比放在图模型的背景下重新表述一下：往一张宣纸上缓缓地泼墨，首先将起点s覆盖，然后在算法控制下逐步扩大“墨点”覆盖范围。在任一特定时刻，墨点覆盖区域有一个边界。如果采用上面讨论动态规划时的说法，界内的点u相应的子问题S[u]已解；从加标号的角度说，界内节点的标号已经固定，不会再被改变，这就是从s到该点最短路径的长度值。另一方面，与边界内任一节点相邻的外部点是“当前可见“的。

每次扩大“墨点”总是选择尚未被覆盖但“可见”的节点中标号最小的。开始时s标号为0，其他节点标号均为∞。每当一个节点v被覆盖（从s开始），与其相邻的点u的标号将更新为：min{u原标号值，v标号值+w(vu)}，其中w(vu)是vu边的权值。任何可见但尚未被覆盖节点的标号在每次循环中均可能被改变，这取决于是否发现了从s到该点的更短的路径（可以比较一下动态规划过程）。当全部节点均被覆盖时算法终止。

若图中节点数为n，则上述“墨点扩散”通过n−1次循环完成，图2-28针对前面的例子，给出前4次循环形成的墨迹边界示意。每次循环确定一个节点的“固定”标号，操作序列为：A(0), D(3), C(4), E(4)。已覆盖的点在图中用黑体字标注标号，注意，E的标号在D被覆盖时由5更新为4。本文中算法在标号值相等时按照节点名字母顺序执行。目前B、F、G均“可见”，因此均具有有限标号值。注意：随着F与G先后被覆盖，B的标号值还将更新两次，最终达到7。

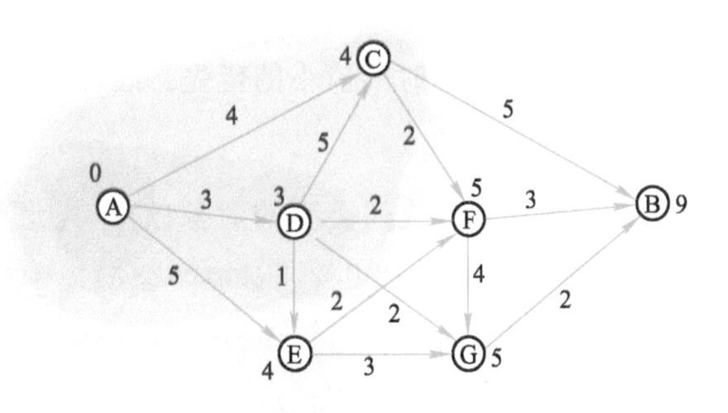

图2-28　Dijkstra算法执行示意

从上面的描述读者应该很容易理解Dijkstra算法的基本逻辑：通过一个循环过程，以尽量减小已有标号的方式将所有节点的标号固定下来，最终达到从s到各节点的最短路径长度值。对初学者而言，可能最难理解的地方在于每次扩大“墨迹”新覆盖的节点究竟是如何确定的。当然，可以在每次循环中，在所有可见的节点中找出最小元素，但这显得有些笨拙，因为可见的节点数可能接近n。

在描述Dijkstra算法之前，我们先来介绍一种对算法设计非常有价值的思维方法：数据抽象。为了解决单源最短路问题，我们希望每次循环从“可见”的节点中选择标号值最小的。假设这些节点以某种形式存放着，有一个节点选取操作，总是返回其中标号值最小的元素，那么算法层面的考虑就很简单了。至于怎么能实现这一点，我们到编程时再考虑。这就称为“数据抽象”，显然它可以使我们在设计算法时避免编程细节的纠缠，聚焦于解题逻辑。

数据抽象在编程实践中常以抽象数据类型的形式体现。对这个例子而言，人们常用的是“最小优先队列”（priorityQ），它按照key的值定义“优先级”，出队列总是“优先级”最高的元素。这里key即标号值，值小的优先。注意：一般的队列可以认为是“优先队列”的特例，key为进队列时间，时间值小的优先。key的值可以设置，也可以修改。

下面建立一个最小优先队列类型的对象PQ，其元素为图G中所有“可见但标号尚未固定”的节点（也就是“紧邻墨迹区”的外部节点）。我们需要该结构提供如下操作：

- create()：创建最小优先队列类型的对象。
- enqueue(PQ, v, key)：节点v进队列PQ，其键值置为key。
- dequeue(PQ)：从队列PQ中出一个元素，一定是队列元素中key最小的（之一）。
- decreaseKey(PQ, v, key)：将已经在队列PQ中的对象v的键值降为key，在算法过程中，当从s到已被发现，但尚未完成v找到一条更短的通路时，需要这个操作。

基于优先队列的Dijkstra算法过程如下，过程中假设抽象数据类型priorityQ已定义。

```
Dijkstra(G, w, s, n) # G是权值非负的有向图，
                     # 起点s可达所有其他节点，n为节点个数
# 初始化
for 图G中每个节点v:
    status[v]="white" # status表示节点状态：
                      # white（未发现）、grey（可见）、black（完成）
    label[v]=∞        # 可更新的标号，最终值即s到v的最短路长度
    parent[v]=nil     # 每次更新标号时同步更新，
                      # 记录“当前”最短路径的前一个节点
PQ = priorityQ.create()
label[s]=0
priority.enqueue(PQ,s,0)
k=1
while k<n+1:
    v = priorityQ.dequeue()
    status[v]="black" # 节点v标号固定，从s到v的最短路确定
    for v的每个邻点u:
        if statue[u]/="black":
            if label[u]>label[v]+w(vu): # w(vu)是vu边的权值
                label[u]=label[v]+w(vu)
                parent[u]=v
                if status[u]="gray":
                    priorityQ.decreaseKey(PQ,u,label[u])
        if status[u]="white":
            statue[u]="gray"
            priorityQ.enqueue(PQ,u,label[u])
    k=k+1
for 图G中每个节点v:
    基于label[v]和parent[v]输出从s到v的最短路径及其长度
```

图2-29显示了上述过程前6次循环的执行效果，最后一次（第7次）只会将B点置为黑色。

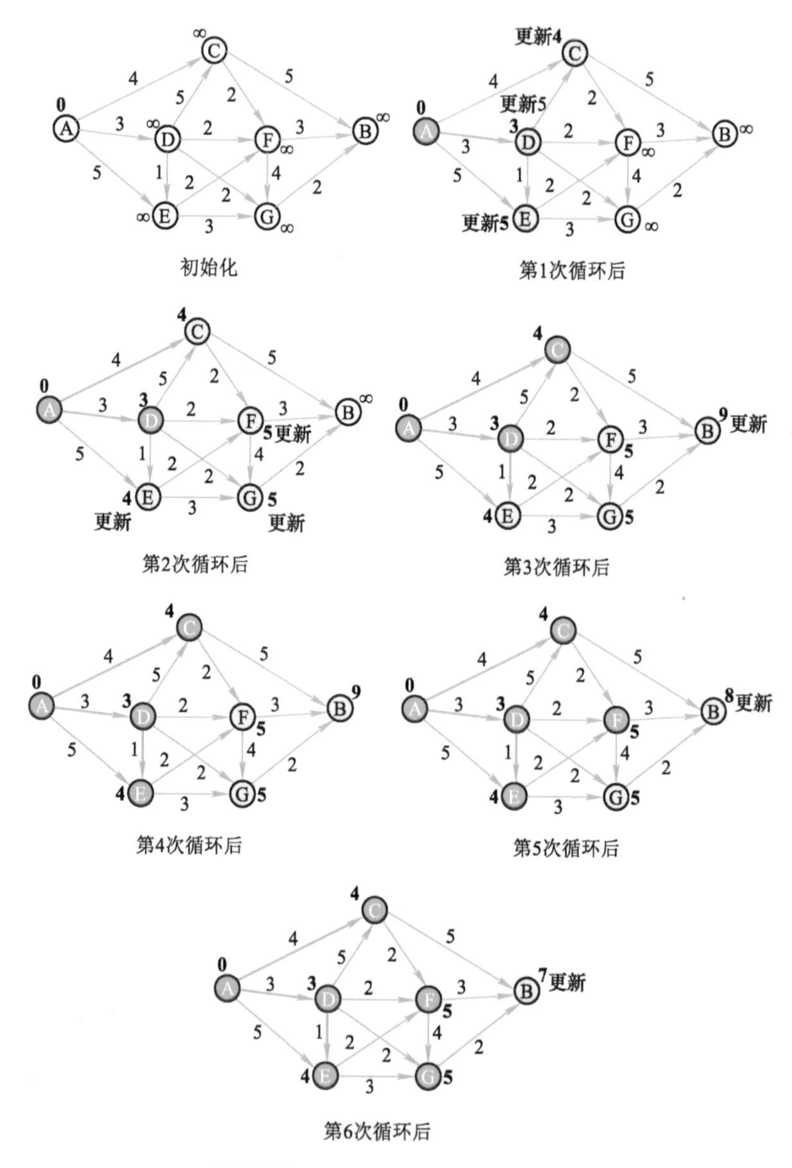

图2-29　Dijkstra算法运行过程解构

Dijkstra算法的正确性基于论断：第k+1次循环即将开始时，有k个节点状态为“black”，此后这些节点的标号不会再更新，且其值为从s到这些点各自的最短路径长度。这个论断可以通过对k用数学归纳法证明。粗略地看，算法执行n次循环，每次循环最多从n个节点中选择标号的最小值。在加标号过程中每条边也只需检查一次。这是一个$O(n^2+m)$算法，m表示图中的边数。读者已经看到利用优先队列，不需要每次遍历查找最小元素。但每次进出队列操作后维护优先队列的特性（即出队列的一定是优先级最高的元素）需要代价。精心设计的实现方法可以使Dijkstra算法的时间复杂度达到$O(n\log n+m)$，对应用中比较普遍的非稠密图（即边数只是节点数的常数倍，而非平方数量级），这显然好于$O(n^2)$。

3. 负权值的影响

输入中不能含有总权值为负的回路，这很容易理解。但前面特别说明不能有负权值的边，要求更高，这是为什么呢？

前面介绍过“问题归约”的思路。读者可能会想到如果输入中包含负权值的边，是否可以通过归约的方式消除负权值？原图中所有负权值一定有绝对值最大的，例如t。假如将所有边的权值均加t，那就没有负权值了。图2-30给出了一个带负权值的图的例子。

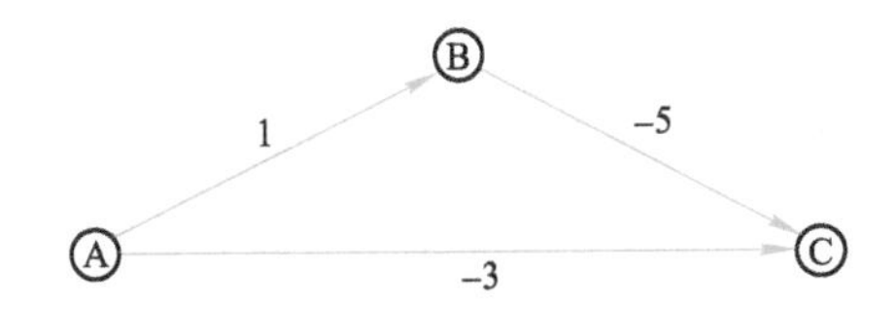

图2-30　负权值的影响

图中最短路径为A→B→C，权值为–4。如果每条边的权值加5，则新图中最短路径将为A→C，权值为2；而A→B→C的权值改为6。显然结果不对了。原因是从A到B的两条路径边数不一样，采用每条边加同一个数，导致不同通路增量不同。而Dijkstra算法在此图上的输出显然是-3，而不是正确的解-5。读者请自行分析出错的原因。总之，Dijkstra算法只适用于非负权值的输入。关于其他应用条件更宽的算法，读者可参阅Bellman-Ford算法，可判断输入中是否含负回路（因此无解）。

4．单点到单点：更容易还是更难

大家都已习惯了使用GPS之类的软件指路。我们只需知道从A到B的最佳路径，并不需要知道从A到所有点的最佳路径。可能读者会认为既然能解出所有点的最短路径，当然也就解决了从A到B的问题。理论上可以证明即使限定起点和终点，最坏情况下的计算代价也不会比Dijkstra算法更优。不过，有一点千万不能忘记：计算机解题与数学上的“解题”不一样，计算机解题需要消耗物理资源。对计算机算法而言，计算代价不只是衡量解法好坏的一个因素，很可能就是题目的条件的一部分。尽管从数学上看，从A到B的最短路径问题只是从A到所有其他节点最短路径的一个子问题，解决了后者自然就解决了前者。但是如果我们定义的问题是“在一个包含n个节点的图中找到从指定点A到B的最短路径，且计算的时间代价是路径经过的节点数的多项式函数（而不是n的多项式函数）”，想想在10000个节点的图中随机选取两个节点之间的最短路径长度，有很大概率不过是“百数量级”的，就可以知道这差别有多大。而对于像手机这样的计算能力较弱的设备，用Dijkstra算法来计算两点之间的最短路径有多么不合理。就当前的认识，上述问题比一般的“单源最短路问题”要

难，因为目前尚未找到满足条件的算法。

一个简单的想法是在两台处理器上同时执行Dijkstra算法，一个从起点A开始执行，另一个将图中所有边的方向颠倒，从原先指定的终点B开始执行。一旦两个执行过程到达同一个节点（比如节点K），算法终止，输出原图中的AK—最短路径+KB—最短路径（将第二个过程的结果反向即可）。尽管实验效果不错，但不论是这种方法还是其他更复杂的智能算法，都未必能带来最坏情况下的理论改进。

12 最大流量

在高速公路网中有车流，在互联网上有信息流，在自来水管网中有水流，在公用电网中有电流……网络大都和某种流联系在一起，网络的作用就是要保障那些流的畅通。对于网络中流量的研究是一个具有普遍意义的主题。

研究网络中的流问题可有多个不同的视角和目标追求。下面讨论两个节点之间可能经过的最大流量。我们从简单例子开始，建立讨论这个话题的语境。

图2-31所示为一个有3个节点{s, a, t}的有向网络，边上的数字表示能支持的流量（不妨看成是单位时间能通过的车辆数），一般也称为对应边的“容量”。这个例子数据表明s—a边的容量为3，a—t边的容量为2。想象为道路，也就相当于s—a路段要比a—t路段宽一些。边的箭头方向则表示“单行线”的方向。

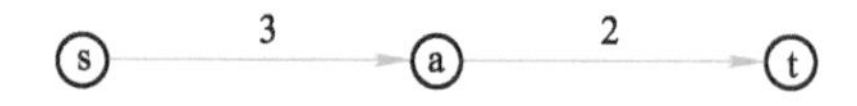

图2-31 简单的3个节点的有向网络

现在的问题是，如果我们要不断从s发出开往t的车，单位时间能发多少辆车？几乎不用多想，你马上会意识到3是不行的，最多是2。而且如果有人说1，你则会说每条边的容量都还有剩余，因此流量还可以增加。于是我们说，2就是这个网络中从s到t的最大流量。如果面对的不只是两个路段，而是多个如此串联的路段，你也能意识到从s到t的最大流量受限于最小容量的路段。这样的路段，也称为“瓶颈”，别的路段再宽也没有用。下面考虑图2-32所示的一个稍微复杂一点的例子。

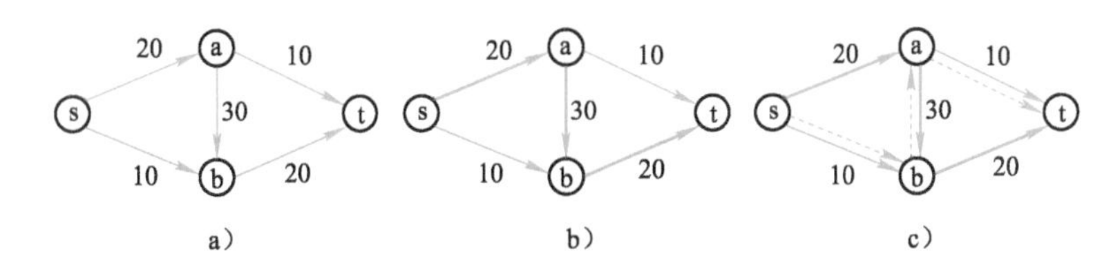

图2-32　4节点网络中的流量分析

先看图2-32a，不妨也看成是一个道路网的抽象。在讨论流问题时，总假设有一个节点是出发点，习惯上用s表示，画在图的最左端，再假设一个节点为到达点，用t表示，画在图的最右端。这个网络中还有另外两个节点a和b，以及节点之间的5条路段，它们的容量也相应标在上面。在图2-32a中，我们还看到有3条从s到t的路径，s→a→t、s→b→t和s→a→b→t。

单位时间里能发出多少辆从s到t的车？显然取决于那些车走的路径。如果让它们都走s→a→b→t，如图2-32b所示，那最多是20辆。此时路段s→b用不上了，因为它后面的b→t已经被占满。不过，如果我们让20辆走s→a，在a分流，10辆走a→t，10辆走a→b，同时让10辆走s→b→t，就实现了从s到t的最大流量为30辆。图2-32c所示的是另一种理解，虚线表示的是图2-32b已经在s→a→b→t安排了流量20辆的基础上，可以让从s→b来的流量（10辆）沿着a→b的反方向到达t。这种理解和前面说的在a点分流是等价的，乍听起来它不如分流的说法自然，但更便于后面讨论算法的“思想基础”。

至此，读者应该慢慢体会到这个问题的挑战之处了，如果网络稍微复杂一点，如图2-33a所示，要目测得出源s到目的t之间最大流量的安排就不容易了，因此需要算法。

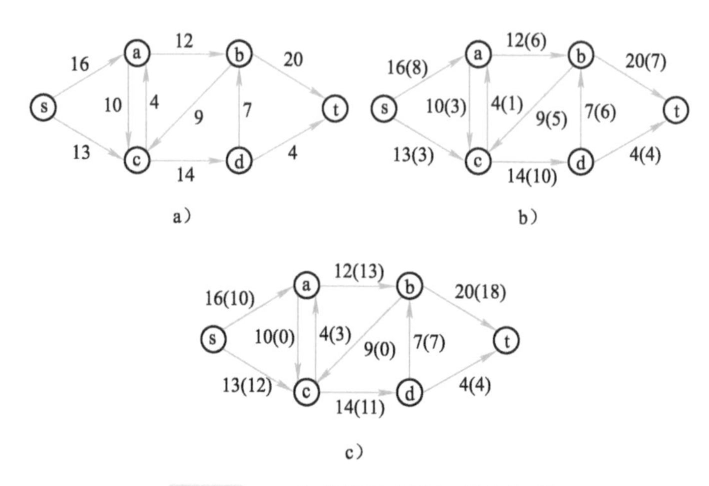

图2-33　一个求解最大流问题的例子

首先来一般地理解一下这个问题。给定一个图2-33a所示的网络，假设需要在每条边上做流量安排，总体体现为从s到t的流量。如果有人说他做了一个图2-33c所示的安排（现在每条边上标有两个数，括号外为容量，括号内为流量安排），你会有什么观感？首先，你会马上说“不靠谱”，因为在a→b上安排的是13，大于网络中a→b的容量12；这是不可接受的。还有没有别的问题？注意节点c，进入它的流量是12+0+0=12，而离开它的流量是3+11=14，二者不相等，是矛盾的。也就是说，任何“可行的”安排必须满足两个条件：1）每条边上流量分配不能超过边的容量；2）除了出发点s和结束点t外，每个节点的“入流”必须等于“出流”。

现在可以看看图2-33b了。有什么问题吗？它满足上述两个条件，于是我们说它是一个“可行解”，对应的总流量为11，但我们不知道它是不是“最优解”（即对应s—t之间的最大流量安排）。事实上，对这个例子而言，你容易看到沿着s→a→b→t的容量并没有用尽，3条边上分别还剩16−8=8，12−6=6，20−7=13。这意味着你可以给那条路径上的流量一个增量min(8, 6, 13)=6。于是得到了一个较优的可行解（此时s→a上的流量为14，a→b上的为12，b→t上的为13，总流量为17），但还是不知道是否最优。

的确，在此基础上我们还看到一种增加流量的可能，类似于图2−32b，此时可以在s→c上增加5，在b—c上减少5，在b→t上增加5。从而得到总流量22。也就是说，如果我们在一个可行解基础上发现一条从s到t的包含两个不同方向边的路径，在顺方向边上的容量有剩余，在逆方向边上的流量均大于0，就意味着可以得到一个总流量的提升。

上述在一个可行解的基础上有两种改进思路的例子值得一般性讨论，是此处要介绍的经典Ford-Fulkerson算法（1956年发明）的关键。参考图2−34，假设在一个可行解基础上发现了一条如图2−34a所示的路径s→a→b→c→d→t，边上的标记x(y)表示容量为x，在当前可行解中已经分配了流量y，那么剩余可用的容量就是x−y。于是我们看到8−3=5，6−5=1，7−2=5，4−3=1和5−1=4，其中的最小值1就是还可以做的改进。边上的标记则更新为8(4)、6(6)、7(3)、4(4)和5(2)。显然，结果依然是一个可行解。

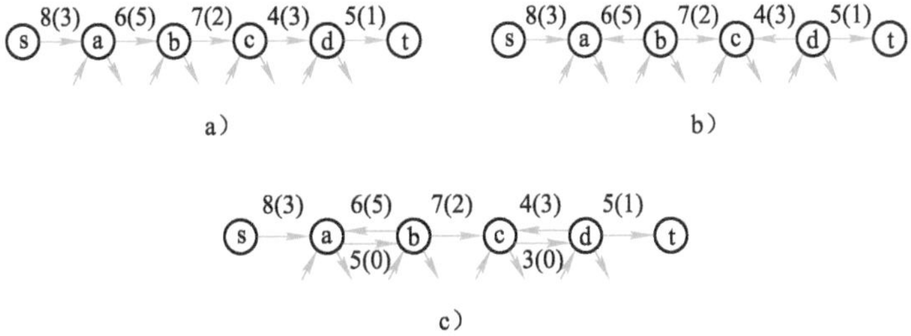

s 8(3) a 6(5) b 7(2) c 4(3) d 5(1) t

a）

s 8(3) a 6(5) b 7(2) c 4(3) d 5(1) t

b）

s 8(3) a 6(5) b 7(2) c 4(3) d 5(1) t
5(0) 3(0)

c）

图2−34　Ford−Fulkerson算法的要点

假设发现了一个如图2-34b所示的情况呢？注意a和b、c和d之间边的方向是反过来的，因而现在不能说在图中发现了“一条从s到t的（有向）路径”。观察节点a，s→a边产生的入流量为3，b→a边产生的为5，加起来是8。由于是可行解，在a上的入流之和要等于出流之和，因此这个8一定已被与a相关的其他出向边抵消掉了。此时，如果我们让s→a上的流量“+1”，让b→a上的流量“-1”，就不会打破在节点a上的流量平衡，但破坏了节点b上的流量平衡——出流少了1。怎么办？让b→c边上的流量“+1”就可以了，但这又导致节点c上的入流多了1，解决的办法是让d→c上的流量“-1”，又造成d上的出流少了1，最后就靠在d→t上“+1”补偿，从而完成整个平衡，得到了一个总流量提高的可行解。值得指出的是，类似于图2-34b的路径上的边不一定非得是方向交替的。体会上述分析，我们能认识到关键是保持每个中间节点出入流量的平衡，顺向的边“+”，逆向的边“-”。

对图2-34b这个例子而言，其实改进可以比“+1”更大。但凡需要增加流量的边，不得超过剩余容量，但凡需要减少流量的边，不得超过已分配的流量。因此我们看到8-3=5、5、7-2=5、3和5-1=4，其中的最小值3就是可以得到的最大改进。

综上所述，Ford-Fulkerson算法的基本思想就是从一个每条边流量为0的初始状态（显然是一个可行解）开始，不断发现上述两种改进的机会，直至没有新机会。

第一种机会，就是要看能否找到一条从s到t的有向路径，其上每一条边的剩余流量都大于0。第二种机会，就是要看能否找到一条从s到t的边方向不一定一致的路径（但一定是离开s，进入t），其上顺边的剩余流量和逆边的流量都大于0。道理上就是这样的，不过后者实施起来会感觉别扭。为此，人们想出了一个好办法：将第二种情况转变为第一种，从而可以统一处理。还是以图2-34为例，这个办法体现在图2-34c中，我们特别注意其中增加了两条边a→b和c→d，上面标示的容量分别为b→a和d→c边上已分配的流量。这样一来，在原始图上存在一条边方向不一致的路径，就等价于在新的图上存在一条有向路径了。与第一种所有方向一致的情况一起，这样的路径被统一称为“增量路径”。

在程序实现中的具体做法就是，用A表示原始网络，但在算法过程中操作一个剩余容量网络G。最初让G=A，一旦决定G的某条边a→b上要分配一个流量x，那么除了在a→b当前剩余容量上减x，同时也在b→a的容量上加x。这样，在当前可行解上寻找提升流量的机会，就都变成在G上寻找一条从s到t的增量路径问题。我们以前面的图2-32为例来看这个过程。图2-35a是图2-32所示网络的邻接矩阵A，也就是初始的G，其中下划线的3个数字对应找到的s→a→b→t路径，我们看到最小值为20。于是做更新，除了每一个数减去20外，在对称的地方（也就是反向边）要加20，于是得到图2-35b。

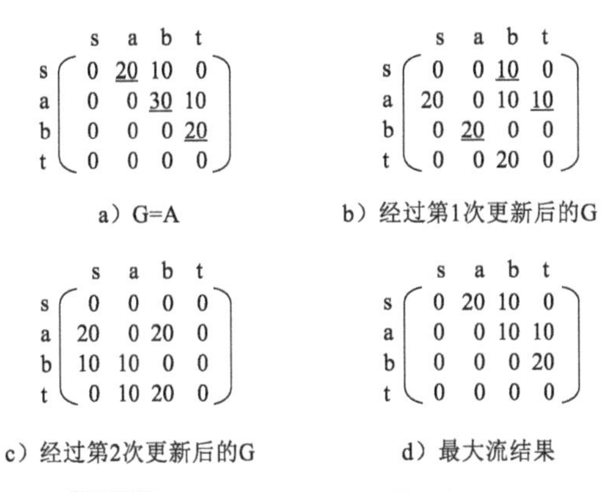

图2-35　Ford-Fulkerson算法操作示例

图2-35b中带下划线的3个数字对应找到的是增量路径s→b→a→t，最小值为10。于是进行更新，除了对应每一个数减去10外，在对称的地方要加10，于是得到图2-35c。特别注意到，a→b边上剩余流量的情况，最开始是30，然后是10，现在又变成20了。而b→a边上则是0、20、10，两条边上对应数据之和总是30，原始网络中边上的容量。这正是两种情况交替出现可能带来的结果。

最后的流量分配如图2-35d所示，它是图2-35a中的初始容量减去图2-35c中对应项的结果。

至此，可以说我们已经完成了算法的描述。宏观上，即是用给定的网络A，初始化剩余容量网络G，不断在G上发现从s到t的有向（增量）路径，并按照所定的规则对G进行更新，直到没有s→t路径可以发现，也就再也没有提升可行解质量的机会了。

怎么在G上发现是否存在s→t增量路径？G是一个有向图，广度优先搜索和深度优先搜索都可以用于发现两个节点之间的有向路径。下面给出一个广度优先搜索的程序版本，看看算法的实现。

```
1  def BFS():
2      while queue:
3              x = queue.pop(0)
4              for i in range(n):
5                  if G[x][i] > 0 and not visited[i]:
6                      visited[i],lead[i] = True,x
7                      queue.append(i)
8                      flowcap[i] = min(flowcap[x],G[x][i])
9      return flowcap[t]
# 主程序
10  s = 0; t = n-1
11  done = False
```

```
12  while not done:
13      queue = [s]; visited = [False]*n; visited[s] = True
14      lead = [-1]*n; flowcap = [0]*n; flowcap[s]=10000
15      if BFS() != 0:    # 找到新路径了，去更新剩余流量矩阵
16          update_G()
17      else:
18          done = True
```

先看第10～18行的主程序部分。它要控制做若干次从s开始的广度优先搜索，每次搜索若达到了目的节点t，则更新剩余流量网络G，然后继续搜索；如果没达到t，就意味着没机会了，程序结束。结束的时候，最大流的分配方案则由初始网络A和工作网络G中的数据直接给出（见图2-35）。其中每次搜索的初始化，除了一般BFS都需要的队列（queue）和访问与否的标记（visited）外，还有两个特殊的针对每一个节点的标记，lead和flowcap。lead用于记录搜索过程中的上层节点，flowcap用于记录从源节点（s），经搜索路径到该节点的"饱和流量"。所谓饱和流量，指的是它与该路径上至少一条边的剩余流量相等。有了lead和flowcap，更新G就十分简单了（因而这里没有提供）。

BFS就是广度优先搜索过程，进入时queue中有源节点s。剩余流量网络G采用了矩阵表示，因而有一个for循环来看哪些节点与当前节点x相连（G[x][i]>0）且还没有被访问（not visited[i]），对那些节点做BFS所需的状态更新，并放到队列中。第8行是和这个流量问题特别相关的，得到上面提到的饱和流量。

将这个程序用在图2-33a数据上，得到的流量结果如图2-36a所示。我们能够检验前面指出的两个条件，保证它是一个可行解：1）每条边上括号中的数（流量）不大于左边的数（容量）；2）每个节点的

入流之和等于出流之和。这时我们看到，总流量为23，优于在前面讨论图2-33时提到的每一个可行解。同时，我们也指出一个网络中最大流的具体安排不一定是唯一的，图2-36b就是另外一种，这和在做路径搜索时选择节点的顺序有关。

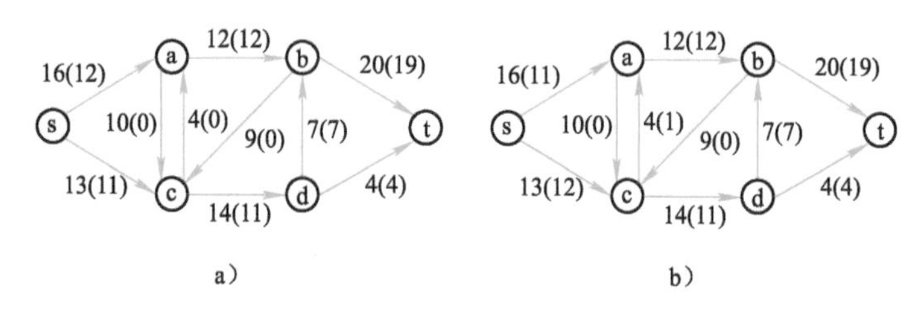

图2-36　在一个较复杂网络上运行Ford-Fulkerson最大流算法的结果

上面我们比较详尽地介绍了Ford-Fulkerson算法及其程序实现。作为算法研究，还有几个问题值得考虑（下面总假设所考虑的网络是有穷的，且每条边上的容量为正整数），这里列出来并简略讨论，欢迎有兴趣的读者和我们联系，进一步深入切磋。

1）为什么这个算法一定会结束？在G上每找到一条新的路径，会对一些边的剩余容量进行更新，有的减少，有的则增加（例如图2-35所示网络中a→b对应的值），为什么一定会出现找不到s→t路径的情况，从而结束算法呢？可以这样考虑：源节点s出边上的容量之和是有限的（不妨记C为从s出发的剩余容量，最初就是它的出边的容量之和），算法过程中每找到一条s到t的路径（每一条边剩余容量都大于0），都会让C减少，而C有下界0（尽管不一定总达到），因此算法一定会终止。

2）即使结束，只是说在剩余容量网络上找不到s→t路径了，为什么得到的就是最大流呢？这个问题比较难一些，通常和另外一个概念“最小割”结合起来讨论。给定一个我们关心的网络，总可以从中删除若干条边，使得不再存在从s到t的有向路径，这样的边集被称为网络的“边割（集）”，边割（集）中的每条边上的容量之和就是割的容量，具有最小容量的割就是“最小割”。容易想到，任何s→t流量都不会大于最小割的容量，于是如果一个s→t流量达到了最小割容量，那它就是一个最大流。可以证明，Ford-Fulkerson算法终止的时候得到的就是与最小割相等的流量。

3）算法的运行效率如何？从算法描述可以看到，要做若干次s→t路径搜索。从1）中的讨论可知，次数不会超过s的出边容量之和C。每做一次BFS，时间与网络图中的边数（m）成正比，由于剩余容量网络G的边数每次都可能改变，但总的来说受限于节点数（n）的平方，因此可以说如此实现的是$O(Cn^2)$算法。

4）虽然我们用到了图2-33a所示网络的例子，也给出了图2-36所示的结果，但在前面分析的时候没有涉及其中既有a→c边也有c→a边的情况，在程序实现中需不需要做什么特别处理呢？仔细想想双向边的影响，能认识到在算法中不需要做特别处理，只需对结果G中的数据恰当解释，配合初始的A，就能给出最优流量分配。

事实上，如果有双向边，也就是某些A[i,j]和A[j,i]都大于0。G的初始化也就有这样的情况。按照算法，每发现一条路径，其中边的最小剩余容量值f被用来做更新，$c_{ij} \leftarrow c_{ij}-f$，$c_{ji} \leftarrow c_{ji}+f$。G中的任何一条边都可能被多次发现在找到的路径上，于是上述更新对同一条边可能多次，包括反向边j→i被发现，于是会做$c_{ji} \leftarrow c_{ji}-f$，$c_{ij} \leftarrow c_{ij}+f$。最终，

$G[i,j]=c_{ij}-f_{ij}+f_{ji}$，$G[j,i]=c_{ji}-f_{ji}+f_{ij}$，其中$f_{ij}$表示累积的流量更新。

如何得到A上每条边在最大流中分配的流量？$A[i,j]-G[i,j]=f_{ij}-f_{ji}$和$A[j,i]-G[j,i]=-(f_{ij}-f_{ji})$，正好相反。为正的就是在对应边上的分配，另一个则没有流量分配（即0）。这是因为在两节点之间的两个反向的边上，总是可以让一条边上的流量为0。举个例子，若算法过程产生了$f_{ij}=8$，$f_{ji}=3$，从节点i和j之间经过的流量角度，等价于$f_{ij}=5$，$f_{ji}=0$。

13 凸包计算

在郊野公园中有一片林地，生长着一些古老的树木。管理部门希望建围栏把这些树木围起来加以保护。为了便于外围修建步行道，方便游人观赏，保护区应该呈凸多边形。当然也希望围栏总长度尽可能小，降低建设成本。

为简化计算，我们假设可以用部分树木作为围栏的桩柱。换句话说，部分树木处于保护区域的边界上。图2-37是这个问题的示意图，图2-37a标出树木的平面位置分布，图2-37b则显示完成的围栏，位于围栏上的树木用空心点表示，围在内部的为灰色点。

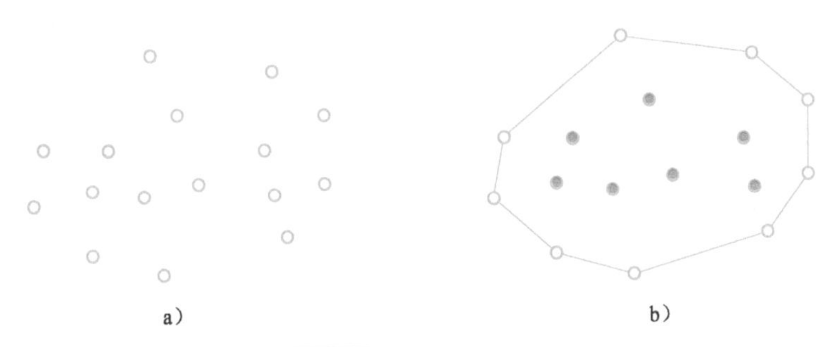

图2-37　凸包计算示意

我们能否设计一个算法让计算机帮我们确定该如何建围栏呢？

1. 问题模型和基本思想

问题可以抽象为：在平面上给定一组点，如何生成一个包含全部点的最小凸包。所谓凸包是满足如下条件的多边形：连接多边形中任意两点（包括边界上的点）的直线段完全位于多边形内部（包括边界）。“最小”是指：在保持凸多边形性质不变的前提下，若缩小该图形，则给定的点中至少有一个位于外部。

图形处理中有大量的问题需要用到这样的计算，凸包算法是计算几何领域最早的成果之一。

模型基于平面笛卡尔坐标系。输入是一组点：$v_1, v_2,\cdots, v_n$，其中v_i表示为(x_i,y_i)，即该点在笛卡尔坐标系中的横坐标值与纵坐标值。为避免计算过程中可能产生的“小”误差带来的麻烦，这里不妨假设所有坐标值均为整数。

算法的输出是输入点的一个子集构成的序列。出现在序列中的点即位于凸多边形边界上的点。边界的轨迹即为需要计算的凸包。我们约定其顺序是：从某个指定点出发，按照顺时针方向沿凸包排列。如果用画图工具将输出序列中每个相邻点对之间的连接直线段（包括首尾两个点之间的）全部画出，则可显示计算得到的凸包。

显然，解题的关键是确定哪些点应该在凸包上。当点数非常多且随机分布时，就很难确定。但作为构成凸包的每条线段，其特征倒不难看出来。从图2-37b很容易看出，边界上的每条线段所在的直线将平面切分为两个半平面，所有的点一定位于其中一个半平面上（包括分界线），如图2-38所示。这就意味着满足这一条件的线段的两个端点在边界上。反之，考虑任意两点连接的直线段，如果其对应的直线分割成的两个半平面中都有输入点，则该线段不可能在凸包上。

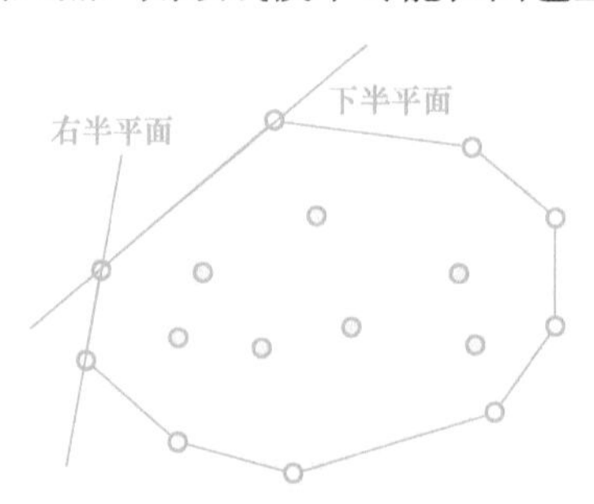

图2-38　凸包边界线将平面划分为两半，数据点都在一边

2. 从思想到算法

利用解析几何知识很容易判定：相对于特定线段，任给的两点是否在同一个半平面（即是否位于线段的同一侧）。

假设线段uv所在的直线将平面分割为两个半平面（见图2-39），点s和t处于同一个半平面中，折线s-u-v和t-u-v在u点总是向同一方向偏转（这里是右转），而处于另一半平面中的点w决定的折线w-u-v一定是向相反方向偏转（这里是左转）。

以图2-39中的折线t-u-v为例，设三个点的坐标值分别为(x_1, y_1)、(x_2, y_2)、(x_3, y_3)，则折转方向完全由下面的行列式值的符号所确定：

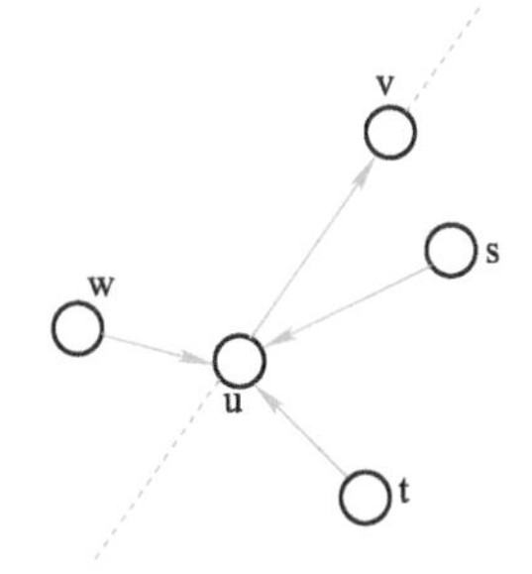

图2-39　在不同半平面上的两个点（w和s）到分界线上一点（u）后的折转方向示意

$$D = \begin{vmatrix} x_1 & y_1 & 1 \\ x_2 & y_2 & 1 \\ x_3 & y_3 & 1 \end{vmatrix} = x_1 y_2 + y_1 x_3 + x_2 y_3 - x_1 y_3 - y_1 x_2 - y_2 x_3$$

当行列式值为正时，则逆时针（左）转；当行列式值为负时，则顺时针（右）转；当且仅当三点共线时行列式值为0。在上述例子中，行列式值为负。两个点相对于线段uv处于两个不同的半平面当且仅当相应行列式的值符号相反。

利用上述公式，我们很容易实现如下的函数：

```
def line_turn(test_p, end_p1, end_p2):
# 确定折线test_p – end_p1 - end_p2折转的方向
# 参数中每个点用“有序对”（<x_value>, <y_value>）实现
    det = test_p[0]*end_p1[1]+test_p[1]*end_p2[0]+\
          end_p1[0]*end_p2[1]-test_p[0]*end_p2[1]-\
          test_p[1]*end_p1[0]-end_p1[1]*end_p2[0]
    if det=0:
            return 0    # 三点共线
    elif det<0:
            return -1   # 相应的折线方向为顺时针（向右）
    else:
            return 1    # 相应的折线方向为逆时针（向左）
```

利用函数line_turn，我们先给出一个非常直观的算法。连接输入的任意两点得到直线段，判断其他n−2个点是否全部在其同一侧，如果不是，则这条线段不可能是凸包一部分。简而言之，采用穷尽法找出凸包上的线段。注意，这里输出的是线段集合，而不是模型描述中提到的边界点序列。

```
Convex_hull_slow (input_file): # 输入为存放点集的文件，
                               # 每个点用x-y坐标值表示
  border_seg=[] # 存放构成凸多边形边界的直线段（用点对表示），
                # 最后用于输出
  对输入文件中每两个不同的点u,v：
      在输入文件中任选一个异于u,v且line_turn(p,u,v)不等于0的点p:
      flag=line_turn(p,u,v)
      对输入文件中异于u,v,p的每一个点q:
          turn_around=line_turn(q,u,v)
          if turn_around*flag=-1：
```

```
            exit  # p,q在uv-线段两侧，uv-线段不可能在凸包边界上。
        border_seg=border_seg.append（uv-线段）
    输出border_seg      # 例如写入文件
```

输入n个点，可生成的直线段数量为$O(n^2)$，对每条线段，最坏情况下要检查除该线段端点以外的n−2个点是否都在同一个半平面中，因此计算复杂度是$O(n^3)$。

上述穷尽法没有利用输入中可能有帮助的隐含信息，一般效率不高。如果我们找到一些“窍门”，可直接判定某些线段是否在凸包上，而不用每次都去检查所有点，就有可能改进算法。

3. 一个效率较高的贪心算法

我们再仔细审视一下图2-37b，特别观察下面标注出的点（见图2-40）。

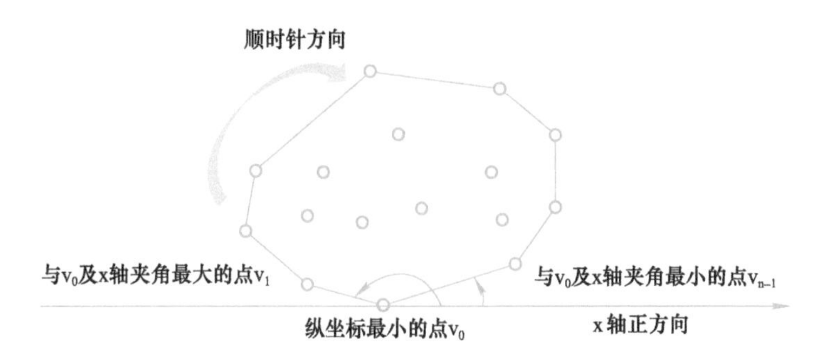

图2-40　贪心算法思路示意

尽管上图中的凸包在算法未执行完成前并不存在，但图中特别标示出的三个点，即v_0（靠坐标值即可确定）、v_1和v_{n-1}是可以确定的。后两个点的确定只需要对除v_0外的任意点与v_0及X轴正方向之间的夹角从大到小排序。最有启发意义的一点在于，我们可以断定输入的所有点都位于这三点构成的折线的同一侧。

我们确定了v_0后，首先对除了v_0以外的所有点相应的夹角从大到小排序（且按此给v_0以外的点编号），显然在最终计算出的凸包上，按照顺时针方向，点的序号严格递增。而且沿凸包轨迹，任何正方向上相邻的三个点构成右转折线。

这为设计效率更高的凸包算法提供了更清晰的思路：首先确定v_0，接着按照上述相应的夹角从大到小给其他n−1个点排序，如果夹角相等就按与v_0的距离从小到大排序（这是为了处理共线的情况）。选择v_0和v_1作为开始的两个边界点（按照顺时针方向）。后面按照点序号的增序逐步增加凸包上的点。

按照角度大小排序并不能保证任意连续三个序号的点一定构成向右的折线。这是算法中最不直观的部分。每当加入一个新的边界点时，必须检查当前序列中最后三个点构成的折线是否左转，如果是则删除当中的点，再继续回溯并做同样的检查。选初始点以及按照夹角大小排序的结果如图2-41所示。

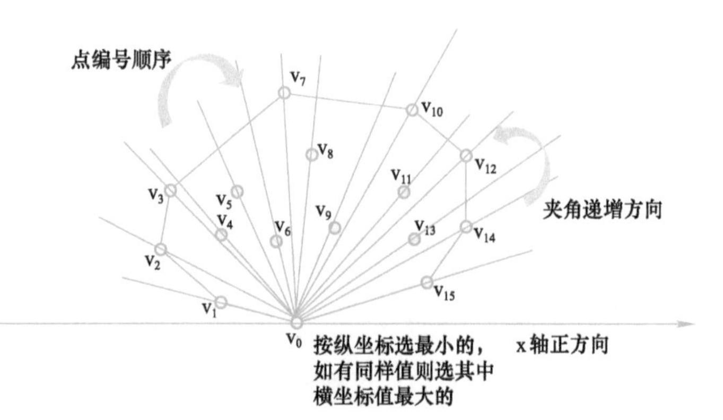

图2-41　所有节点相对于v_0有一个夹角

从初始点开始，沿顺时针方向构造凸包的过程如图2-42所示。

图2-42a为起始状态。为了计算方便，选定v_0后将其作为坐标系

原点(0, 0)，并根据解析几何知识将其他所有点的坐标值做相应修改（这只需要简单算术运算，总代价是O(n)）。

图2-42b显示了计算过程。每条边上的数字表示在整个操作序列中相应线段加入以及被删除的次序（删除操作次序表示在括号中，边界上的线段没有删除操作）。需要指出的是：算法并不对边（线段）操作，只处理点。这里是为了让读者容易跟踪算法执行过程而画出线段，其实其加入或删除是对点操作的反映。有两条线段上删除操作的执行次序相同，这是因为算法其实删除的是点，也就同时把与该点关联的两条边删除了。

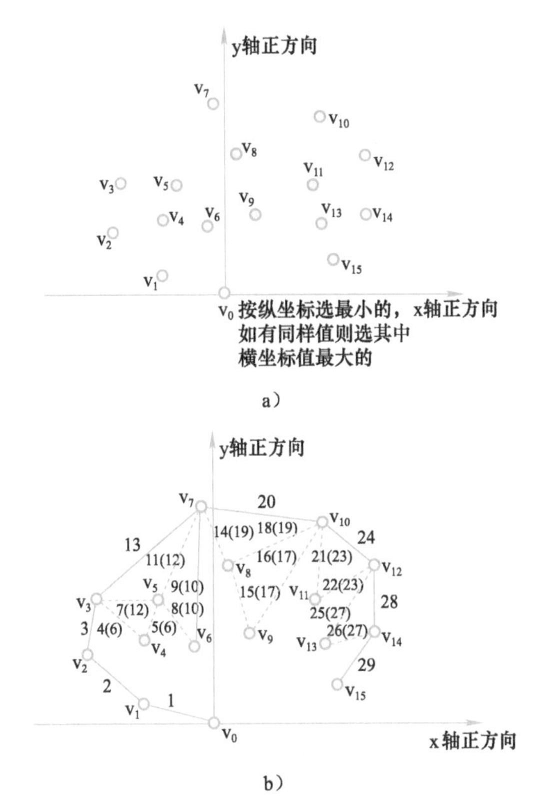

图2-42　显示凸包构造过程：尝试+纠错

其实并不需要计算出夹角的大小，我们只是用这个数据来排序。在0～π范围内正切函数是在两个不连续的区间(0, π/2)、(π/2, π)内分别严格递增的。所以，只要区分横坐标的正负，直接比较y/x就可以了，区分正负区是保证不让正负号不同的坐标值放在一起比。注意，若某个点横坐标为0，即相应夹角为90°，这需要单独处理，其位置在所有横坐标为正的点与横坐标为负的点之间。

从上面的例子可以看出，算法执行中是通过回溯检查来是否有不正确的点被当作边界点，需要不时纠正前面的误判。显然这个过程用堆栈实现最为方便。

定义栈CH，按照点的序号，首先是v_0、v_1、v_2依次进栈，从v_3开始，每次按照序号向栈中加一个点，随即检查栈顶的连续三个点是否构成左偏转的折线，如果是，则从栈中删除中间那个点，并继续检查新栈顶位置的连续三个点，以此类推。折转方向的判定直接调用函数line_turn即可（读者可以考虑为什么v_2进栈时不需要检查）。算法过程描述如下：

```
Convex_hull_fast(n, input_file)  # n为输入点个数
if n<4:
        直接输出input_file          # 此时至多3个点，则全是边界点
取输入点中纵坐标最小者（如有并列则选其中横坐标最大者），作为v0
以v0为原点，建立新的坐标系（每个点的原坐标值减v0相应的原坐标值）
按照前面文中分析的要求对输入的点排序，结果存入表p_List
CH=[v0, p_List[0], p_List[1]]     # 初始化存放构建中的边界点序列的栈
i_CH=2  # 栈指针
i_pList=2  #从v3开始处理
while i_pList<n-1:                 # 按递增方式扩大边界点集合，
                                   # 并根据折线方向进行修正
        i_CH=i_CH+1
```

```
        CH=CH.insert(p_List[i_pList], index_CHstack)
        turning=1
        while turning!=-1:
          turning=line_turn(CH[i_CH-2], CHstack[i_CH-1], CHstack[i_CH])
            if turning=1:          # 发现左转折线，删除中间点
                CH[i_CH-1]=CH[i_CH]
                i_CH=i_CH-1
      i_pList=i_pList+1
输出 CH
```

这个算法的最主要代价就是排序，除此之外对每个点的处理代价都是常量，所以总代价为O(n)。整个算法的复杂度是O(nlogn)（也就是排序的代价）。

虽然从渐进复杂度而言，上述算法已经达到“最优”了，不过仍然可以设法改进。

一个非常简单的想法是先找出四个“极点”，即分别为横/纵坐标值最大和最小的点。用这四个点构成一个四边形，则位于该四边形上（包括内部与边界）的其他点都不可能是边界点，可以不用考虑。读者可以想想如何利用解析几何的基础知识来识别位于四边形上的点。其实无法分析这样做好处究竟有多大，但经验数据表明，当输入点数很大且随机分布时，计算代价会大大下降。

第3篇 生活中的算法

有些算法和生活中的某些大类应用需求直接关联，因而也用了比较生活化的名称，像本篇提到的选举、分类、聚类、投资等。这类算法的思想常常有一个特点，那就是遵循启发式，即某些生活常识或直觉的指引。这种风格带来的，一是算法逻辑常常显得简单，不像一些基础性算法那么精巧，二是算法运行的结果常常不是精确的，从应用层面看也不一定有肯定的对错。这样的算法在信息化社会中应用广泛，其效果最终要靠实践来检验。

14 选举

大多数人的记忆中都会有上小学时选班长的情景，再后来，会经历许多不同的选举过程。如何设计公平合理的选举规则是远远超出了数学和算法范畴的复杂问题。下面只讨论在特定规则下如何获得选举结果的相关算法。

一群人按照一人一票的方式（每张选票具有相同权重）在若干候选人中选出一位“胜出者”，最简单的规则就是票数最多者当选（假设没有并列）。在没有电子手段之前，最流行的做法就是投票完成后，将候选人名字列在黑板上，随着“唱票”进程，在候选人名字后画“正”字。最后数出每人得票数，即可知谁是当选者。

1. 模拟“画正字”的计票方式

如果候选人人数k不大，可以定义k个元素的数组candidates，其中candidates[i]是整数，表示候选人i的得票数，i=0，1，…，k−1。若投票人数为n（通常n>>k），长度为n的整数序列vote_sequence可以看作所有选票的集合（次序无意义），其中，不在上述i定义范围内的项为无效选票。模拟计票的过程的算法如下：

```
def vote_counting(candidates,vote_sequence):
    candidates初始化            # 数组candidates每项置0
    while vote_sequence未结束：# vote_sequence可以用数组或文件实现
        读入vote_sequence当前项
        if 当前项为有效选票值t： # 即0…k−1范围内的整数
            candidates[t] = candidates[t]+1
    return candidates
```

得到计票值后，数组candidates中的最大值对应的候选人即“胜出者”，如果对candidates排序，则可以得到所有候选人得票数的递增或递减序列。基于key比较的排序算法在最坏情况下最优解的复杂度下限为O(nlogn)。但这里是对candidates（大小为k）排序，而不是对vote_sequence（大小是n）排序，因此可以说复杂度为O(klogk)。另一方面，鉴于在大多数表决类应用场景下，k的值远小于n，甚至可以认为与n的大小没有关系，即可看作是常量，也可以从vote_sequence的角度来看排序过程。也就是想象有若干一字排开的“桶”，数量相对于n很小，例如，有一个与n无关的常数上界c。一次性顺序扫描vote_sequence，每个元素尝试依次与每个桶中的一个元素相比，发现相同就放进去（其实就是计一次数），发现两次相继的比较为一大一小，就启用一个新桶插在中间，将元素放进去。当然，两端的情况稍有点特殊。这样一来，扫描全部完成后就得到了最多c个依元素大小序排列的桶，依次输出桶中元素的个数，就得到了相当于cadidates的排序。由于在一次性扫描vote_sequence过程中每个元素最多需要c次比较，与n无关，因此这里的排序代价也可以看作O(n)。

2. 基于“众数”的选举规则

采用“简单多数”规则，当候选人数大于2时当选者未必能得到多数人的支持。为了避免这一缺憾，另一种常用的选举规则要求当选者得到的选票数必须大于投票者总数的一半（有些选举可能规定达到半数即可，本文后面的讨论要求当选者得票数必须大于半数）。

不妨假设所有选票均为有效选票，选票上给出投票人选择的候选人序号（非负整数），所有选票可以表示为一个有限长度的输入序列。如果该序列中存在某个数值，出现次数大于序列长度的一半，则该数值称为序列中的“众数”。注意，“众数”一词在统计学中不一定非得超过半数。这里借用此名词，在本文范围内一定代表出现次数大于总项数的一半。因此，如果众数存在，显然只有一个。

可以将基于“众数”规则选举的计票过程抽象为：对于任意输入的有限长度序列，找出该序列中的众数，或者判定众数不存在。如果输入表示全部选票，则如果众数存在，问题的解即当选者，反之，如果判定众数不存在，则确定“无当选者”。

众数判定问题表述简单且有趣。一旦将输入序列排序，下面的两种方法均可得到需要的结果：

1）计数：扫描已排序的序列，可以依次统计出每个数值出现的次数。根据最大出现次数即可判定众数或者判定众数不存在。

2）中值：在已排序的序列中读出第$\lfloor n/2 \rfloor$项（n为序列长度）。对于按从小到大排序的序列，这是“中位数”。如果从该项起直到序列末尾的数值均相等，则该数值即为“众数”，否则序列中不存在众数。

排序的代价是O(nlogn)，对于这里的解题目标而言，似乎代价大了些。如果知道了中位数，不需要排序，只要扫描序列，统计中位数出现的次数就能得到需要的结果。因为序列中有众数当且仅当中位数即众数（请读者思考其中的道理）。在大多数算法教科书中能找到计算中位数的线性代价算法，这里不再赘述。

下面介绍一个非常巧妙的众数算法，不需要排序，而且比求中位数更简单。

如果长度为n的序列中确实存在众数c，其出现次数为t。如果从序列中删除两个不相等的元素，则剩下的序列中c仍然是众数。被删除的两项不相等，其中最多有一个是c，因此余下的序列长度为n−2，而包含的c至少为t−1个。根据众数定义$t>n/2$，则$t-1>n/2-1=(n-2)/2$。

其实，对任一“候选值”，通过统计判定其是否是众数很容易，代价是线性的。问题是如何找“候选值“，根据上述分析，删除不相等的两项，不会将可能存在的“候选者”漏掉，换句话说，当这一过程一直继续，到剩下的序列中只含一个值时（也可能不是一项），这个值即候选值。它未必是众数，但只要扫描一次原序列进行统计即可判定。

算法包含两个部分，首先是希望筛选出候选值，然后是统计候选值出现次数是否大于序列总长度的一半。算法过程如下：

```
def majority (vote_sequence):          # vote_sequence是选票列表
    majority=-1                        #如果不存在众数，则返回值为-1
    n = length(vote_sequence)          # n是选票列表长度
    current = 从选票列表中读首项        # current为当前关注值
    multi = 1 # multi是当前关注值出现次数，multi为0时选择新的当前关注值
    while 选票列表未读完：从选票列表中读出一个新项new
        if multi==0:                   # 当前关注项缺（已被删除），
                                       # 新读入项作为当前关注项
            multi = 1
            current = new
        else:
            if current != new:      # 删除两个不相等的项
                multi=multi-1
            else:
                multi=multi+1       # 当前关注项重复数加1
    if  multi != 0:     # 如果该值为0，则所有项均被删除，没有众数
        item = 从选票列表中读首项
        if current==item:
            count=1
        else:
            count=0
        while 选票序列未读完：  # 对current出现次数计数
```

```
            item = 从选票列表中读入下一项
            if current==item:
                count=count+1
        if count>n/2:  # 判定是否众数
            majority = current      # 序列中有众数，即current
    return majority
```

很显然，算法两个阶段代价均为O(n)，因此总代价是线性的。这个算法在整个过程中完全不涉及未当选者得票数的相关数据，这对于算法的人性化而言（保护未当选者隐私）是很好的性质。

3. 要求投票人给出更多倾向性信息的选举

上述选举规则非常简单，每张选票只需要给出投票人中意的一个候选人。但当候选人数大于2时，很难保证有众数存在，很常见的情况是得票数比较分散，要确保胜出者得票超过一半（甚至三分之二），有时需要多轮投票。

如何使选举过程既能有效操作，也能让选举结果更容易被接受，促进社会和谐？这就需要设计更复杂的选举过程。相关理论与分析已经成为数学在社会科学中应用的一个重要方面。下面只通过一个例子来讨论“要求投票者提供更多意向信息”的选举规则。

某班级要推选出一人参加学校的演讲比赛，共有6名同学报名（用A、B、C、D、E、F表示）。全班同学需要投票选出一人代表班级参赛。为了避免选票过于分散，难以确定胜出者，可以考虑以下两种方案：

1）每张选票不是只填写一个候选人的名字，而是按照投票者意向强弱对6名候选人排序。

2）组织候选人进行一对一预选对抗赛，每位投票人（假设总数为奇数）对每组对抗者选定赞同者，按照多数原则决定二者之间的胜负，然后将所有预选赛的结果汇总，作为推举最终代表的基础数据。

前者是实践中经常采用的方法，一般会将每位投票人给出的序号作为“得分”，累加后分值最小者当选。（当然也不能排除得分相等的情况。）

后者似乎很少在实际选举中使用。但是读者很容易想到，体育比赛经常采用这样的方法（循环赛）确定冠军（胜出者）。原因是许多体育比赛项目的一对一对抗结果往往有客观标准。其实第一种选举方案的选票包含了第二种方案能提供的信息（任何两个候选人，排序前者优于排序后者），但从第二种方案得到的信息确定胜出者仍然不是很容易。下面，考虑如何从一对一对抗结果导出“名次”，包括第一名（当选者）。讨论采用体育循环赛的表示方式，在这个语境下介绍相关算法。当排名次问题解决了，决定选举胜出者的问题自然也解决了。

假设6名候选人一对一对抗结果对每张选票采用简单多数汇总如图3-1所示，图中的有向边uv表示候选人u在一对一对抗中胜候选人v。

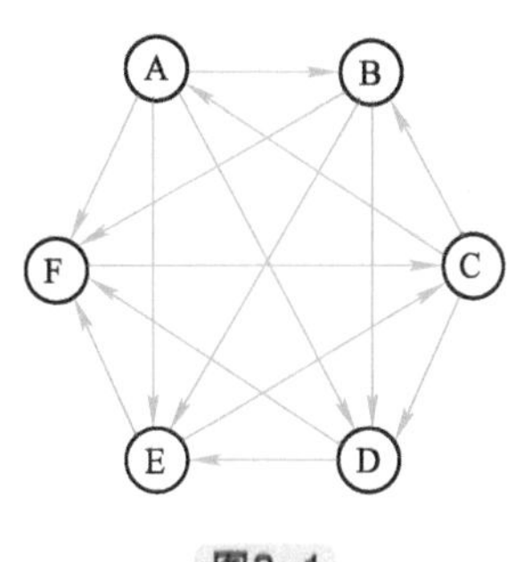

图3-1

这样的有向图称为“竞赛图”。如果不考虑边的方向，由于它是完全图，则它能够完整准确地描述没有平局的“循环赛”的结果。怎样才能从循环赛所有场次的胜负关系中合理地给出全部参赛者的名次呢？比较自然的想法是按照胜场多少排序。由图3-1可以得到表3-1。

表3-1 循环赛结果按取胜场次汇总示意

名次	1	2（并列）		4（并列）		6
候选人	A	B	C	D	E	F
胜场对手	B，D，E，F	D，E，F	A，B，D	E，F	C，F	C

可以看到，胜出者是A。不过C可能会抱怨：虽然比A少了一个胜场，但击败的对手看上去比较强，而且还击败了排名第一的A。尽管不可能有让所有人都满意的方法，但如果能在胜出场数的基础上，考虑对手强弱的因素，结果的可接受度应该会更好些。

为了能体现胜出场次对手的强弱差异，可以定义得分向量s_k=(A_k，B_k，C_k，D_k，E_k，F_k)，其初始值（k=0）各分量值设定为1，s_k+1各分量的值等于s_k中该选手击败的各选手对应值之和。按照这一规则，计算前几个s_k的值见表3-2（诸分量对应于A，B，C，D，E，F）。

表3-2 循环赛得分的一种计算方法

s_0	（1，1，1，1，1，1）
s_1	（4，3，3，2，2，1）
s_2	（8，5，9，3，4，3）
s_3	（15，10，16，7，12，9）
s_4	（38，28，32，21，25，16）
s_5	（90，62，87，41，48，32）

从表3-2中可看出，s_4到s_5各选手的排序没有变化。只要输入数据对应的有向图是强连通的，且选手人数不小于4，就可以证明得分向量的值一定会收敛到一个固定次序，这就可作为排名。我们略去数学细节，只给出计算选手名次的算法，如果针对的是前面提到的选举问题，则排名第一的为当选者。

首先给出所需数据的定义：

player：选手名列表，输入，在整个算法过程中不改变。

winning：每个选手战胜的对手列表，这是一个二维表，为了方便处理，即使无胜局的选手在列表中也有相应的项（空表）。上述例子中winning=[[B, D, E, F]，[D, E, F]，[A, B, D]，[E, F]，[C, F]，[C]]。winning相当于输入的竞赛图，在整个算法过程中不改变。

score：得分向量，算法过程中更新，即上述的sk。注意：得分向量中每个分量对于选手的次序始终是列表player的次序，改变的只是分值。

ranking：选手排名列表，在上述例子中初始值为[A, B, C, D, E, F]，score每轮更新后做一次排序。注意：每轮排序依据的关键字是score中的相应项，与ranking本身诸项值（选手名）无关。

还需要定义下列函数：

score_update：按照上文介绍的规则，更新得分向量的值。

player_sort：根据得分向量各项值，对ranking中的选手名按照分值从大到小排序。此函数为布尔函数，如果本轮并未发生元素置换，返回false，否则返回true。在待排序对象很小时，效率不是问题，采用最简单的“冒泡”算法即可。

player_number：此函数将选手名转换为该选手在列表player中的下标值。

算法过程如下。算法描述中按照以上例子的情况是6名选手，只要稍作修改便可以适用于不同的输入。

```
def player_number(player_name):
    for k in range(6):
        if player_name==player[k]:
            return k
def score_update():
    temp=[0,0,0,0,0,0]      # temp是存放中间结果的内部列表变量
    for k in range(6):
        for j in winning[k]:
            temp[k] = temp[k] + score[player_number(j)]
    for k in range(6):
        score[k]=temp[k]
    return
def player_sort():
    swap=False  # 后面的循环中当执行元素置换操作时swap被置为true
    for i in range(5):
        for j in range(i+1, 6):
            ri,rj = player_number(ranking[i]),player_number(ranking[j])
            if score[ri]<score[rj]:
                ranking[i],ranking[j] = ranking[j],ranking[i]
                swap=True
    return swap
# 算法过程
score = [1,1,1,1,1,1]
score_update()      # 进入迭代之前建立一个初始序
player_sort()
swap = True
while swap:
    score_update()
    swap = player_sort()
输出ranking
```

15 分类

人工智能是如今的热点之一。人工智能应用中有些很基本的需求，分类即为其中最常见的一种。分类关心的是如何将一个对象归到已知类别中。例如，人可以分为少年、青年、中年、老年4个类别，商品可以分为廉价和高档2个类别，学生在课堂上的表现可能分为积极踊跃、沉稳细致、漫不经心3个类别，网购者可分为随性和理性2个类别等。日常生活中，这种分类主要靠主观感受。如果用计算机来分类，每一种类别则都需要通过一些数据特征予以刻画，每一个对象或者个体都是通过一个“数据点”来表示。后面要讲的一个网购的例子，数据特征就用了“每月网购次数”和“每次平均花费”。一个每月网购10次，每次平均花费120元的人则用数据点（10, 120）来表示。

不难体会到，把一个个体归到预设的类别中，有些比较容易，有些则很不容易。鉴于分类在现实中有广泛的应用，人们发明了多种算法，应对各种不同的情形。下面介绍两个最基本的，K近邻（KNN）算法和支持向量机（SVM）算法。

一般而言，设计分类算法的目的是实现一个“分类器”（程序）。分类器的实现通常都是基于一批已知类别的数据，形成某些规则，来做未知类别对象的类别判断，图3-2是一个分类问题概念图。

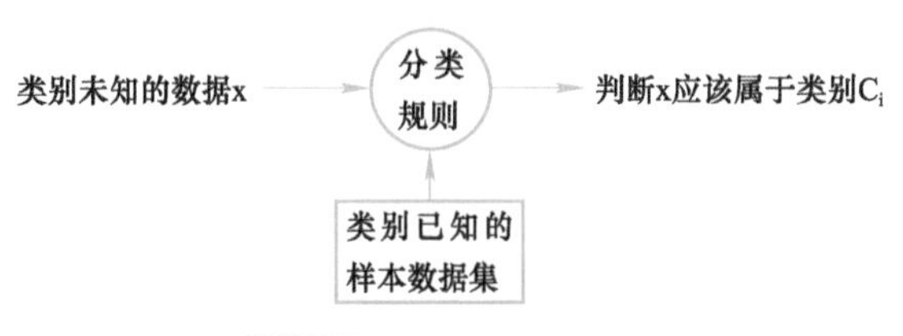

图3-2　分类问题概念图

为了实现一个分类器，基础是一个预先给定的类别集合$C=\{C_1, C_2,\cdots, C_m\}$和一批已知类别的样本数据集$D=\{d_1, d_2,\cdots, d_n\}$。不同分类算法的区别一般体现在所形成的分类规则上。

类别集合C通常是人们根据需要或经验事先确定的，有一定现实含义。样本数据集D怎么做到类别已知的呢？通常采用人工标注，也就是事先找来一批有代表性的数据，请有背景知识的人一一给打上类别标签。这项工作一方面很重要，对后续自动分类的质量有基础性影响，另一方面在互联网经济中的需求越来越普遍，因而形成了一种新职业——“数据标注员”。

在分类问题中，一个核心的概念是两个数据点之间的距离。判断一个数据点该属于哪个类，本质上就是看它离哪个类的已知数据点更近。而“距离”在不同的应用背景下可能有不同的定义。以二维数据空间为例，给出3种常见的距离定义，如图3-3所示。

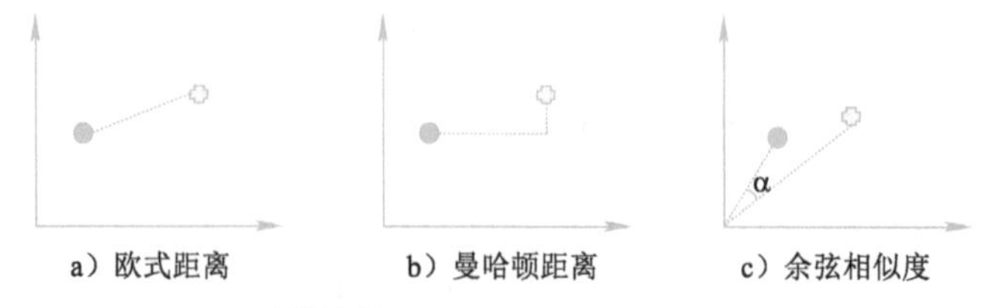

图3-3 几种典型的距离定义

设(x_1, y_1)和(x_2, y_2)为两个数据点p_1和p_2的坐标，欧式距离，曼哈顿距离和余弦相似度[⊖]分别为：

$$\operatorname{dist}(p_1,p_2)=\sqrt{(x_1-x_2)^2+(y_1-y_2)^2}$$

⊖ 即平面上两个向量夹角的余弦值。

$$\mathrm{mdist}(p_1,p_2)=|x_1-x_2|+|y_1-y_2|$$

$$\mathrm{sim}(p_1,p_2)=\cos(\alpha)=\frac{x_1x_2+y_1y_2}{\sqrt{x_1^2+y_1^2}\sqrt{x_2^2+y_2^2}}$$

其中，前面两个都有“数值越小越接近（相似）”的含义，而余弦相似度定义在区间[0, 1]，越大越相似。若余弦相似度为1，意味着两个数据点同在一条通过原点的直线上。

一般而言，KNN和SVM处理的数据点都可以是高维的，用多于3个特征分量来表示一个对象的特征。为方便介绍，下面只考虑二维的情形，于是总可以有如图3-4所示的视觉形象，便于解释有关细节。

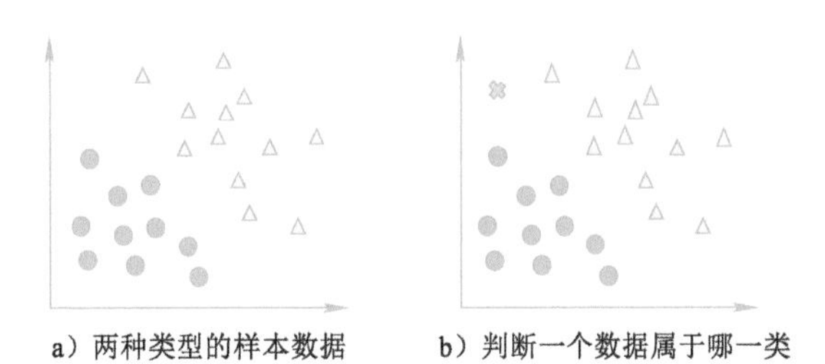

a）两种类型的样本数据　　b）判断一个数据属于哪一类

图3-4　分类数据空间示意图

图3-4a示意在二维数据空间中有两种已经标注（分别用圆和三角表示）类型的样本数据。它们大致分布在空间中两个不同的区域，任何两个数据点之间都可以谈论某种距离。特别注意到，同类数据之间的距离不一定就比异类之间的小。图3-4b示意出现了一个未知类别的数据（x），它应该属于哪一类呢？

1. KNN算法

（1）算法基本思路

针对样本数据D，KNN算法采用了一种“近朱者赤，近墨者黑”和“少数服从多数”原则的直截了当的思路。它一一计算待分类数据x与样本数据集D中所有数据的距离，然后取其中最小的K个（也就是“KNN”中的K，而NN表示“最近的邻点”），看它们分别属于哪一个类，判定x应该属于K中出现较多的那个类。

采用什么距离定义和具体应用有关，为和后面的例子对应，下面的算法描述采用了余弦相似度作为距离。

（2）算法描述

输入：样本数据集$D=\{d_1, d_2,\cdots, d_n\}$；待分类的数据x；
用于判断的数据点数K（奇数），$K<n$
输出：x应该属于哪个类别
1　for each sample di in D
2　　　计算 $sim(x,d_i)$
3　TOP-K ←取得与x最相似的前K个样本数据
4　统计两种类别在TOP-K中的分布
5　判定x与TOP-K中占多数的元素类别相同

（3）算法运行示例

假设考虑对网购者的分类，用“每月网购次数”和“每次平均花费”两个特征分量来刻画每一个用户，要看一个人是“随性”（S）还是“理性”（R）[⊖]。有一个已经人工标好类型的样本数据如图3-5a所示，现在有一个用户每月网购5次，平均花费40元，即他的数据是x=(5, 40)，那么他是属于随性网购者还是理性网购者？

⊖ 用什么特征来表示所关心的类型，与对应用背景的理解直接相关。这里采用两个特征分量只是用来说明算法运行的过程，实际应用中为区分随性和理性消费者会更复杂。

每月网购次数	每次平均花费	类别
3	200	R
8	120	R
5	35	S
3	100	R
6	200	R
4	50	R
8	24	S
2	300	R
3	120	R
6	45	S
7	45	S
4	85	R
5	70	R
8	45	S
3	400	R
5	10	R

a）

距离，相对x=(5, 40)	每月网购次数	每次平均花费	类别	距离序
0.99403	3	200	R	12
0.99833	8	120	R	7
0.99985	5	35	S	2
0.99555	3	100	R	9
0.99555	6	200	R	10
0.99901	4	50	R	4
0.98058	8	24	S	15
0.99308	2	300	R	14
0.99507	3	120	R	11
0.99997	6	45	S	1
0.99955	7	45	S	3
0.99701	4	85	R	8
0.99859	5	70	R	6
0.99867	8	45	S	5
0.99318	3	400	R	13
0.94299	5	10	R	16

b）

图3-5　分类数据与KNN分类执行结果

采用KNN算法对这个用户分类，采用余弦距离度量，首先算得x=(4, 50)与16个已知数据的距离，如图3-5b第1列所示。为方便查看，把那些距离按照与1接近的程度的排序放在表中最右边一列（注意，对余弦距离而言，越接近1表示越“近”）。

现在，如果取K=1，看到离x最近的（6, 45）是“S”，于是X应该被分类为“S”。如果取K=3，离X最近的3个都是“S”，如果取K=5，离x最近的5个里有4个“S”和1个“R”等。你觉得应该认为x是随性网购者还是理性网购者呢？显然，认为x是一个随性网购者比较合理。

（4）算法性质分析

这是一个正确的算法吗？

如果考虑的是2分类，即类别数为2，且K为奇数，KNN算法总会有一个输出，建议x应该属于哪一类。因此不存在不停机或不收敛的可能。问题可能在于它给出的建议是否合适。这样，除了给出x应属于哪个类别外，还可以给出一个概率，即在TOP-K中，占优类型的数据在整个K中的占比。例如在上面的例子中，K=3，这个占比就是100%，K=5，这个占比就是80%。如果类别数大于2，则还需要有一个方法来做“平手消解”，即当某两类在TOP-K中有相同占比时决定取哪一个。

一个分类器的质量常常用“准确度”（accuracy）指标来评价。假设一共有p个测试数据x_1, x_2,…, x_p，对它们分完类后人工一一做检查。用r表示分类错误的个数，准确度就是p/(p+r)。

这个算法的效率如何呢？

KNN分类算法的计算复杂度与样本集大小（n）有关，与样本属性的维数有关。在讨论的二维情况下，从算法描述中可以看到，计算余弦距离时间复杂度是O(n)。算法第3行找出n个相似度中的TOP-K，一般算法是O(Kn)，采用适当的数据结构可以做到O(Klogn)。

2. SVM算法

（1）SVM概念与算法目标

SVM又叫“支持向量机”。来看看具体是什么意思。用图3-4的数据画出SVM分类概念的示意如图3-6a所示。

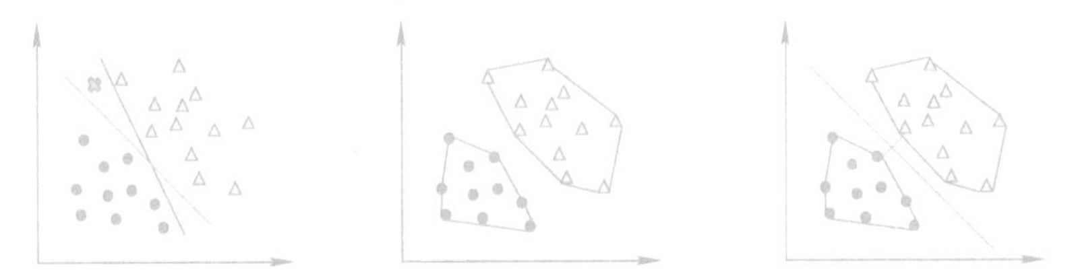

a）一条直线将两类数据分开　b）两类数据点的外凸多边形　c）最短距离线段及其垂直平分线

图3-6　SVM分类概念示意图

图中除了数据点，还有将两类数据点分开的直线。SVM就是要基于样本数据点，算出一条那样的直线（y=ax+b），从而可对拟分类数据所处位置是在直线的左右来赋予类别，这个示例就是左边为“圆”，右边为“三角”。不过，读者可能马上注意到图3-6a中有两条直线，它们对于待分类数据点（x）分类的结论是不同的，于是就有了哪个更好的问题。SVM怎么考虑呢？SVM要求一条“最优的”直线。

什么叫“最优的”直线？SVM采用的观点是离它最近的数据点尽量远。形象地看，就是在两类数据之间“最窄”处的中线。图3-6b是一个示意，根据两类数据点的情况，分别画了一个外包凸多边形（这种多边形在计算几何学中叫“凸包”），这样它们之间的“通道”也看得很清楚了[1]。如果我们能确定两个凸包上距离最近的两个点（不一定都恰好在顶点上），做连接它们的线段，再做该线段的垂直平分线，就得到了SVM的结果，如图3-6c所示。

下面给出的SVM算法就是求这样一条直线的算法。读者能感到与前面的KNN很不同，KNN是基于样本数据直接对数据点（x）做分类。不过，读者也能意识到，一旦有了这样一条直线，判断一个数据（x）应该属于哪一类就很容易了。

（2）算法描述

下面描述的算法相对比较宏观，有利于读者把握整体概念。其中的细节在后面做进一步阐述。另外，所提到的距离此时均为欧几里得距离。

```
# 输入：包含两类样本的数据集D={d1, d2,…, dn}
# 输出：一条直线y=ax+b
1   根据两类样本数据，分别计算得到凸包D1和D2。\
    令n1和n2为它们的顶点数。
2   计算D1（D2）的n1（n2）个顶点与D2（D1）的n2（n1）条边的距离，\
    即2*n1*n2个距离，记（x1, y1）和（x2, y2）为对应最短距离的两个端点。\
    若有多个点对，取任意一个。
3   由（x1, y1）和（x2, y2）确定的线段的垂直平分线y=ax+b即为所求。
```

下面来讨论其中的要点。首先，理解这个算法的细节（包括编程实现）所需的主要数学知识为平面向量，具体包括平面上两个点的距离公式，一个点到一条直线的距离公式（由此得到点到线段的距离公式），根据一个点的坐标和斜率确定直线y=ax+b的方法等。下面以算法中的最后一步为例，展示处理这类问题的方法。已知由

[1] 这里，总假设两个凸多边形是不重叠的。

（x_1, y_1）和（x_2, y_2）确定的线段，要确定垂直平分线$y=ax+b$中的参数a和b。

首先，由（x_1, y_1）和（x_2, y_2）所确定线段的斜率为$\frac{y_2-y_1}{x_2-x_1}$，其中点坐标为$(x,y)=\left(\frac{x_1+x_2}{2},\frac{y_1+y_2}{2}\right)$。

那么，由于所求直线是该线段的垂直平分线，按照三角公式$tg(\theta+90°)=-ctg(\theta)$，其斜率为$a=-\frac{x_2-x_1}{y_2-y_1}$，代入线段中点（x, y）的坐标，即可以求b：

$$\frac{y_1+y_2}{2}=-\frac{x_2-x_1}{y_2-y_1}\bullet\frac{x_1+x_2}{2}+b$$

整理得：

$$b=\frac{\left(y_2^2-y_1^2\right)+\left(x_2^2-x_1^2\right)}{2\left(y_2-y_1\right)}$$

算法的第2步只涉及距离的计算和排序，不再赘述。算法的第1步，从一个平面数据点集得到它的凸包，是计算几何学中的一种基本运算，见本书第13章，在此也不赘述，有兴趣的读者可自行查阅学习。

（3）算法的性质分析

先看计算复杂度。若第1步采用凸包计算中介绍的第二个算法，复杂度是O(nlogn)。第2步计算距离，若不采用任何优化，为$O(n^2)$。第3步是常数时间。总的来说，复杂度为$O(n^2)$。

为什么算法得到的直线$y=ax+b$就是最优的一条直线？由于它是在两个最短距离的点（x_1, y_1）和（x_2, y_2）之间，意味着两类数据之间不可能有更宽的通道。而由于它是“垂直平分线”，意味着它做到了让“离它最近的数据点尽量远”。

不过，细心的读者可能问到一个更加微妙的问题。那就是记$d=\sqrt{(x_1-x_2)^2+(y_1-y_2)^2}$，即数据点（$x_1$, y_1）和（x_2, y_2）之间线段的长度，那么两个数据点离上述直线的距离都是d/2。为什么样本数据中不可能有其他的数据点，离直线的距离小于d/2呢？这与凸包的性质有关，与直线是“垂直平分线”有关，也与算法中第2步计算的“点与边的距离”有关。鼓励有兴趣的读者思考体会一下这背后的“玄机”。

16 聚类

“分类”指的是要将一个未知类别的对象归到某个已知类别中。“聚类”则是要将若干对象划分成几组，称每一组为一个类别。

在实际应用中，分类的类别是事先给定的，往往对应某种现实含义，例如，网购者可能分为“随性”和“理性”两个类别，人们大致也知道是什么意思。聚类则是本无类，只是根据对象之间的某种相似性（也称邻近程度或距离），将它们分组。例如，有两个任务要完成，于是需要将一群人分成两组，分别去完成一个任务，为了有较高的效率，希望组内成员之间关系较好，配合默契。聚类形成的类不一定有明显的外在特征，往往只是根据事先给定的目标类数（若有三个任务，就要分成三组），将对象集合进行合理划分。

所谓“合理”，在这里的原则就是尽量让同组的成员之间比较相似（距离较近），组间的成员之间距离较远（不相似）。一旦聚类完成后，也可能会按照不同类的某些特征给它们分别命名。

与分类一样，为了聚类，对象之间的相似性（或距离）含义和定义是基础。在有些应用中，对象两两之间的相似性是直接给出的；在更多的应用中，相似性则要根据对象的特征属性按照一定的规则进行计算。下面讨论两个算法。

1. 自底向上的分层聚类法

想象要进行城市群建设，需要规划将一些城市分成几个群，群内统筹协调发展。一共要分成几个群？哪些城市该放在同一个群里？这是一个很现实的问题。当然，做出这样的决定取决于许多因素，但其中一个重要因素就是城市间的空间距离。很难想象同一个群内的城市之间相距很远，而相距很近的两个城市却分到了不同群。

例如，表3-3是6个城市之间的距离矩阵（不是准确数据，这里只是作为例子），如果我们想分成两个群，该如何分？分成三个呢？这就是一个聚类问题。我们注意到，在这种背景下，两个对象（城市）之间的相似性或邻近程度自然地以距离的方式给了出来。

表3-3　6个城市之间的距离矩阵

	南京	上海	杭州	武汉	南昌	合肥
南京	0	300	246	465	580	160
上海	300	0	202	799	732	466
杭州	246	202	0	730	549	420
武汉	465	799	730	0	358	362
南昌	580	732	549	358	0	431
合肥	160	466	420	362	431	0

1967年，Stephen Johnson发表了一个针对这种场景的算法，称为“层次聚类”（Hierarchical Clustering）。基本步骤如下（假设有n个对象，要聚成k类）：

1）初始，每一个对象看成一个类，于是有n个类，类和类之间的距离由表3-3那样的矩阵数据给出。

2）两两检查现有类之间的距离，挑出最小的，也就是表3-3数据中最小的（不算对角线元素，因为它们是“自己到自己”的距离）。将对应的两个类合并，具体就是将它们的数据“合并到”一行（列）上，删去另一行（列）。数据合并的策略有多种考量，其中一种是取对应两个数的较大值。

注意，现在类数少了一个，对应表3-3中的矩阵少了一行一列。

3）如果已经是k类了，就结束；否则返回2）。

以表3-3为例，初始6个类，考虑令k=3，也就是要聚为3类，模拟算法的运行。核心是算法的第2步。由于数据矩阵的对称性，观察的时候只需要考虑上三角。

首先，看到上三角中最小的数是160，即南京和合肥之间的距离，位于第1行，第6列。按照算法，应该将南京与合肥聚成一类，同时合并它们的数据，对应矩阵数据的更新。我们取较大值方案，并让第6行（列）向第1行（列）合并，就得到表3-4的结果。发生了更新的数据由下划线所示。现在是5个类，比初始减少了一个。其中下划线显示的数就是取较大值更新的结果。

表3-4 一轮聚类后的结果

	南京，合肥	上海	杭州	武汉	南昌
南京，合肥	160	466	420	465	580
上海	466	0	202	799	732
杭州	420	202	0	730	549
武汉	465	799	730	0	358
南昌	580	732	549	358	0

继续，看到最小的数是202，即上海与杭州之间的距离，位于第2行、第3列。将它们合并为一类，并让第3行（列）向第2行（列）合并，就得到表3-5的结果。这一次，除了对角线上的数据外，第2行的其他数据恰好没有变化。现在就是4类了。

表3-5 两轮聚类后的结果

	南京，合肥	上海，杭州	武汉	南昌
南京，合肥	160	466	465	580
上海，杭州	466	202	799	732
武汉	465	799	0	358
南昌	580	732	358	0

再进行一轮，看到第3行第4列的358最小，让第4行（列）向第3行（列）合并，就得到表3-6的结果。这就是聚成3类了，达到了预定目标。

表3-6　3轮聚类后的结果

	南京，合肥	上海，杭州	武汉，南昌
南京，合肥	160	466	580
上海，杭州	466	202	799
武汉，南昌	580	799	358

若需要，还可以在这个基础上继续，得到聚为两类的结果见表3-7。

表3-7　聚为两类的结果

	南京，合肥，上海，杭州	武汉，南昌
南京，合肥，上海，杭州	466	799
武汉，南昌	799	358

这个算法的聚类效果如何？这个例子中似乎还不错。但我们要意识到，像许多机器学习算法一样，效果没有一个“金标准”度量，而是与数据集和应用目的有关。因此这类算法常常包含一些启发式，用以根据具体情况斟酌采用。对层次聚类算法而言，启发式的体现就在于算法第2）步中的数据合并策略。例子中用的是“较大值”，其他策略还有“较小值”“平均值”等。建议读者思考体会这几种策略的“物理意义”，从而在应用中有针对性地选用。

这个算法的时间效率如何？如果任务是要把n个对象聚成k类，每一轮找到最小的数是主要操作，总起来就是$O((n-k)n^2)$。

2. K-means

下面讨论另一种聚类算法—— K-means（K均值）算法，也是现在大数据聚类中比较流行的算法，其中的K是预先给定的要形成的类数。作为一个例子，考虑有若干数据点（不妨认为它们代表一些人的年龄）：

5,10,13,21,23,24,25,39,41,42,52,55,58,59,61,62,72,79,82,92

放到数轴上如图3-7所示。

图3-7 分布在一维空间中的数据点示意图

设想要把它们分成4组，每一组内的人的年龄比较相近，怎么分合适呢？

这个例子中每个数据点就一个值，称为一维数据，而在实际中常见的是多维数据。例如，图3-8是一个二维数据点集的情形。如果要把它们聚成2类、3类，直观上看比较容易，4类就不太好说了。读者还可以想到，如果数据的维数>2，情况会变得更加复杂[1]，而且不太可能有视觉直观。

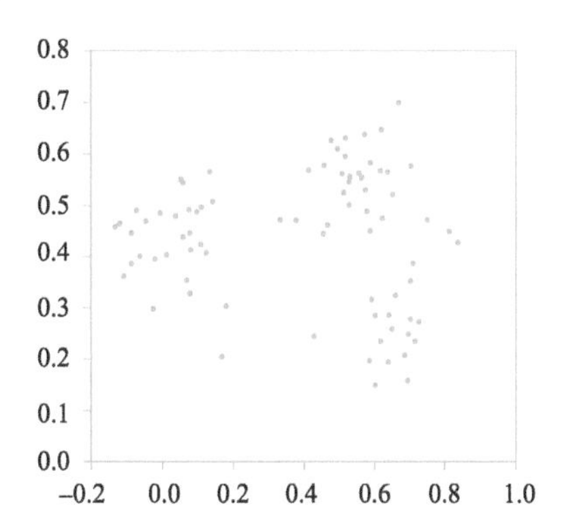

图3-8 分布在二维空间中的数据点示意图

[1] 所谓“维数”，指的是数据对象特征的个数。在人工智能应用中，维数可能达到成千上万。

无论数据的维度如何，如前所述，数据之间的距离是聚类算法的基础。在前面讨论分层聚类算法的例子中，直接用城市间的空间距离作为距离。在前面讨论分类的时候，谈到了根据不同的应用背景，有欧式距离、曼哈顿距离、余弦距离等，此处不赘述。

下面以二维为例进行算法讨论（其思想也可以用于多维），后面的测试运行用例则采用上面的年龄数据（一维）。

（1）算法问题

给定一个二维数据集合D={x, y,⋯}和希望聚成的类别数K，要将那些数据分成K组，使得每一组内的数据点较近，而组间数据点的距离较远（假设采用欧式距离）。

仔细解读这个问题，会感到它只是表达了一个宏观的愿望，细节要求并没有说清楚。“较近”和“较远”的具体比较对象是什么呢？以图3-8为例，若聚成3类，无论怎么聚，不同类边界上两个点的距离都有可能比类中两个点的距离更近。那岂不是说这个问题没法解决？

为此，需要让那种宏观的愿望具有可操作性，明确“类中数据点较近”和“类间数据点较远”的具体含义。注意到由于有了距离的概念，就可以谈论一组数据的“中心”，例如一维空间中两个数的中心就是它们的均值，二维空间中两个数据点的中心就是它们连线中点等。而如果有多个中心，就可以谈论一个数据点离哪一个更近。K-means就是从初始给定的数据点集合出发，对K个不同中心的确定和数据点归属关系进行迭代，最终形成K个数据类别的算法。

（2）算法思路

K-means算法中，K表示类别数，means表示均值。指聚类过程将数据集分成了K类，每一类中的数据点都离它们的中心（亦称质心）更近，离其他的中心较远。

“中心”是一个虚拟的数据点，其坐标为它所代表的数据集中数据点坐标的平均值。如果是两个点，例如，x=(1, 2)、y=(4, 6)，其中心就是((1+4)/2, (2+6)/2)=(2.5, 4)。如果是3个点，例如，x=(1, 2)、y=(4, 6)、z=(4, 4)，其中心就是((1+4+4)/3, (2+6+4)/3)=(3, 4)等。一般地，n个点，$d_1=(x_1, y_1),\cdots, d_n=(x_n, y_n)$，中心为：

$$c=\left(\frac{x_1+x_2+\cdots+x_n}{n},\frac{y_1+y_2+\cdots+y_3}{n}\right)$$

K-means算法就是基于待聚类的数据迭代寻找中心的过程。它根据预设的类别数K，为每个类别设定一个初始中心（可以随机产生），然后按照离它们距离的远近，将数据做归属划分。一旦有了数据划分，反过来又可以计算它们的中心，然后再按数据离新中心的远近对数据做重新划分。如此反复，直到中心不再改变。届时，就达到了每个数据点都离所在类的中心最近的目标。

（3）算法描述

```
# 输入：数据点集D；类别数K；门限值threshold
# 输出：K个中心center₁，center₂，…，center_K；
# 数据点集D的K划分C₁, C₂,…, C_K
1   任意选取K点作为初始中心 center₁, …, center_K
2   反复执行下面的操作直至结束条件满足：
3       C_i←ϕ
4       对于数据集D中的每一个点d：
5           计算d到当前每一个中心center₁～center_K的距离
6           如果center_i 是最近的：
7               C_i← C_i ∪ d
8       对于当前C₁～C_k中的每一个划分C_i：
9           用C_i的数据计算一个新的中心new_center_i
10      如果对每一个C_i都有 |new_center_i – center_i|< threshold：结束
11      更新每一个中心：center_i ← new_center_i
```

（4）算法运行示例

二维数据作为手工呈现的例子会比较烦琐。不妨利用前面的一维年龄数据例子，体会一下过程。数据为：

5,10,13,21,23,24,25,39,41,42,52,55,58,59,61,62,72,79,82,92

根据题意，K=4，随机设初始中心为10，30，50，70。注意它们不需要属于初始数据点集。

以距离最近为原则，将20个数据点做第一次划分，见表3-8第1列，而根据划分得到的新中心见表3-8第2列。

表3-8　K-means算法的第一次迭代示例

根据初始中心做第一次划分的结果	根据划分算出新中心
{5, 10, 13}	(5+10+13)/3=9.3
{21, 23, 24, 25, 39}	(21+23+24+25+39)/5=26.4
{41, 42, 52, 55, 58, 59}	(41+42+52+55+58+59)/6=51.1
{61, 62, 72, 79, 82, 92}	(61+62+72+79+82+92)/6=74.6

然后以这些中心为参照，将所有数据按离新中心的距离重新划分，得到新的4个类别：

{5,10,13},{21,23,24,25,39},{41,42,52,55,58,59,61,62},{72,79,82,92}。

再计算中心，前两个不变，第3个成为(41+42+52+55+58+59+61+62)/8=53.75，第4个变成(72+79+82+92)/4=81.25。按它们再划分数据，发现没有引起变化，K-means聚类过程完成。可以清楚地看到了中心的确定和类别划分之间的相互“迭代”。上述过程可见表3-9。

表3-9　K-means聚类过程运行例

轮次	中心	第1类	第2类	第3类	第4类
1	10, 30, 50, 70	5, 10, 13	21, 23, 24, 25, 39	41, 42, 52, 55, 58, 59	61, 62, 72, 79, 82, 92
2	9.3, 26.4, 51.5, 74.6	5, 10, 13	21, 23, 24, 25, 39	41, 42, 52, 55, 58, 59, 61, 62	72, 79, 82, 92
3	9.3, 26.4, 53.75, 81.25	5, 10, 13	21, 23, 24, 25, 39	41, 42, 52, 55, 58, 59, 61, 62	72, 79, 82, 92

（5）算法分析

K-means算法是经典的聚类算法，上一轮的结果作为新一轮计算的开始值，直至前后两轮计算的结果落在一个误差范围中，即趋于稳定。这里要关心的基本问题就是它是否能趋于稳定，也就是其中|new_centers-centers|是否能变得小于一个任意设定的门限值threshold，即“收敛”。否则，这算法就会无穷无尽地执行下去。数学理论告诉我们，收敛会发生。尽管不需要懂得证明，但这是算法分析中需要关心的问题。

也许大家觉得还应该从收敛时聚类结果是否合理来讨论正确性，也就是“到底聚对没有”。但这通常会比较主观，与应用背景有关。以上述一维数据为例，如果将它们看成是年龄，脑子里事先已经有了少年、青年、中年、老年这样几个背景概念，也许会觉得若41和42在第2类会更加合理。但如果那些数据有不同的含义，就不一定了。由于算法是不理解数据的含义的，它只负责类中心的收敛。在这个意义上，它就是正确的。至于它在某个具体问题上是否合适，则需要在特定应用背景下的实践来检验了。不过，取决于初值的选取，尽管都会收敛，但结果类中心不是唯一的，可能造成数据集划分的不同。这也需要在实际应用中注意。

从执行效率看，算法是一个两重循环。内层循环就是对数据集的两次遍历，一次做划分（在K个类中心中选取最近的），一次计算新的中心。外层循环执行的次数与类中心初值的选取有关。假设N为样本数据量，K为类别数，M为外层循环的迭代次数，算法复杂度就是O(MNK)。

由上述讨论可见，K-means算法的时间开销除了与数据样本数、聚类的类别数有关外，初始聚类中心的选择对聚类结果也有较大的影响，一旦初始值选择得不好，不仅会影响收敛速度，还可能无法得到有意义的聚类结果。由此可见，聚类算法的效率和质量不仅是计算机算法的问题，对要解决的问题本身的了解和经验也是重要的因素。

当然，当对要处理的问题不够了解时，可以用随机数作为初始中心，还可以用不同的类别数对同一数据集合做多次尝试，与熟悉应用背景的专业人士合作，解读、解释有关数据，最终确定合适的类别数，预设中心的初始值。

17 投资

人们常讲，要合理分配时间，合理分配资金等。抽象来看，说的都是要将某种掌握的资源，投入到某些事项上，希望得到最好的综合回报。这类追求很有意义，得到了广泛的研究。同时这种事情也很复杂，因而到目前为止并没有一个普适的方案。其复杂性体现在几个方面。第一，每一个可投入的事项（如股票）能得到多少回报，常常不是事先能够明确的；第二，回报不一定就是金钱，而其他方面（如愉快）常常很难量化，因而难以评估；第三，情势是动态变化的，还有机会成本的问题，今天决定投入某事项了，就意味着明天可能难以改投更有意义的事项。

这里讨论一种相对单纯但并不一定简单的情境，看算法能怎么发挥作用。

考虑一定量的资金n，要投入到m个不同的项目上，以获得最大的回报。假设在每个项目上的投入和回报的对应关系是预先知道的（如银行定期存款的利息）。下面是一个具体的例子，假设你有n=5万元，可以安排在m=3个项目上，不同的投资量分别可产生的回报见表3-10。

表3-10　投资回报表

投资量（万元）	项目1的回报（万元）	项目2的回报（万元）	项目3的回报（万元）
0	0	0	0
1	1	2	3
2	3	3	4
3	5	4	5
4	7	5	6
5	9	6	7

面对的问题就是，如何将5万元分配到这3个项目上，让总的回报最大。例如，若把5万元都投在项目1上，得到回报9万元。而在项目1上投4万元，项目3上投1万元，得到回报7+3=10万元，就要好一些。是不是还有更好的呢？一般的问题就是，给定任意一个这样的投资回报表，能否有一个系统化的方法求出最大回报，以及对应最大回报的投资组合。

下面将从问题定义、求解思路、算法描述、算例分析和算法性质5个方面展开对这个问题的讨论。这也是从算法角度进行问题求解通常要考虑的几个方面。

1. 问题定义

给定总投资量n（整数）和m个单增项目回报函数[㊀] $f_k()$，$k=1, 2,\cdots, m$，把n分成m份$n_1, n_2,\cdots, n_m$，其中n_k为不小于0的整数，满足：

$$n_1+n_2+\cdots+n_m=n$$

且最大化总回报 $f_1(n_1)+f_2(n_2)+\cdots+f_m(n_m)$。 （1）

能够看到，问题定义中强调了整数和回报函数的单调性（严格讲非减就可以了）。前者可以说主要是为了让讨论比较简单，后者不仅是因为具有一般意义下的合理性，而且对算法设计的考虑也有某种关键性意义，这将在算法性质部分看到。

2. 求解思路

求解思路通常意味着某种方法论，即从哪个视角看待这个问题，入手去解决。下面介绍的，在计算机算法领域被称为“动态规划”方法，是算法设计的经典技巧之一。

㊀ 这里的所谓“回报函数”就如同表3-10中回报与投资量的关系。

不妨先看看只有两个项目可投资的情形，即m=2。如何确定最优组合？无非就是要看下面这n+1种可能中哪一个最好，即

$$f_2(k)+f_1(n-k),\qquad k=0, 1, 2,\cdots, n \qquad (2)$$

注意，所有可能一共是n+1种，而不是n种。还要注意，相关的$f_1(n-k)$和$f_2(k)$都是已知的，即投资回报表给出的，于是有充分的基础数据来用以得出结果。把这个结果记为 $F_2(n)=\max\{f_2(k)+f_1(n-k), k=0, 1, 2\cdots, n\}$，即两个项目最优投资组合的回报值。

如果有3个项目的机会呢（m=3）？那就可以看是否能通过给第三个项目也分配一些资金（k），剩下的（n−k）还是在前两个项目中按照最优的方式分，可以获得更高的回报。如果用$F_2(n-k)$表示投资量n−k在前两个项目上分配能获得的最大回报，也就是要看（注意f和F的区别），即

$$f_3(k)+F_2(n-k),\qquad k=0, 1, 2,\cdots, n \qquad (3)$$

这n+1种情况中哪个最好。而其中的每一个$F_2(n-k)$是已知怎么求的，即令式（2）中的n为这里的n−k。

这种想法可以推广。一般地，用$F_{i-1}(x)$表示在i−1个项目上投资x的最优回报，在i个项目上投资x的最优回报$F_i(x)$就是下面x+1种可能中的最大值，$f_i(k)+ F_{i-1}(x-k)$，$k=0, 1, 2,\cdots, x$，记为

$$F_i(x) = \max\{f_i(k)+F_{i-1}(x-k),\ k=0, 1, 2,\cdots, x\} \qquad (4)$$

其中，$f_i(k)$是事先已知的。如何得知$F_{i-1}(x-k)$呢？这里呈现一种递归定义的特征，可以想象将$F_{i-1}(x-k)$进一步展开，直到$F_1(x-k)=f_1(x-k)$，这就是已知的。

在具体计算的时候，则是反过来——自底向上，从i=2开始，先算$F_2(x)(x=0, 1,\cdots, n)$，再算$F_3(x)(x=0, 1,\cdots, n)$，直到$F_m(n)$就得到了想

要的结果。这里的要点是这些自底向上计算的中间结果过程$F_i(x)$都被记录下来，直接用在后面的计算过程中，从而免去大量重复计算的开销。

仔细体会上述过程，可以形象地感到是在从左到右、从上往下填一张n+1行m列的表，表中要填的值就是$F_i(x)$，x=0, 1, 2, …, n；i=1, 2,…, m。当计算$F_i(x)$的时候，要用到相应单元左邻列的上半部单元的值，即$F_{i-1}(0)$, $F_{i-1}(1)$,…, $F_{i-1}(x)$，即表3-11中的指示框，还要用到式（4）中指出的$f_i(k)$。

表3-11　体现投资组合优化算法的数据表

	1	…	i-1	i	…	m
0	$f_1(0)=0$	0	$F_{i-1}(0)=0$	0		0
1	$f_1(1)$					
…	…					
x	$f_1(x)$			$F_i(x)$		
…						
n	$f_1(n)$					$F_m(n)$

这也就是“动态规划”方法的基本风格，不少优化问题的求解步骤都可以归纳为这个样子，要领就是从左到右、从上到下填一张二维表。表填完了，所需的结果就出现在表的右下角单元格中。当然，能这么做成功的条件是表最左边的列和最上面的行的数据是已知的，也就是所谓“边界条件”。

上述讨论指出了$F_m(n)$，即上表右下角单元值的计算过程。这是否就完整解决了最初提的问题呢？还没有。我们需要的不仅是最大可能的回报值，还要一个具体的投资分配方案，它取得的回报是$F_m(n)$。如果只是算得一个数值$F_m(n)$，具体该怎么投资还是不清楚。

这里涉及用算法来解决优化方案设计中一个常见的挑战。通常问题的目标是得到一个优化的设计，而不仅是表示设计优化的量值。这就好比用导航软件，仅告诉从A到B的最短路径是10km还不够，需要的是告诉如何走。

对于这样的需求，通常可以在求得最优值的过程中记录一些关键性中间结果来满足。这些中间结果帮助构建具体的优化方案。对于投资组合问题，如果在上述计算$F_i(x)$到$F_m(n)$的过程中同时记住形成$F_i(x)$时对应在$f_i(k)$中的投资量，也就是在式（4）中取得最大值的k，就能够在算出$F_m(n)$后逐步“回溯”得到对应的投资方案。也就是说，在算法具体实施中面对的是表3-12中的情境。与前面的表3-11相比，就是在每个$F_i(x)$旁伴随了一个在项目i上的投资量K，它是0到x中的一个数。该投资量与投资项目i和当前总投资量x相关，用$K_i(x)$表示。算法实现中可以定义一个与$F_i(x)$结构相同的数据结构存放$K_i(x)$，或将原来的表格每一列扩展为两列，分别存放$F_i(x)$和$K_i(x)$，即见表3-12。

表3-12　在表3-11基础上增加了用于回溯投资组合的数据项$K_i(x)$

	1	…	i-1	i	…	m
0	$f_1(0)$, 0		0, 0	0, 0		0, 0
1	$f_1(1)$, 1					
…	…					
x	$f_1(x)$, x			$F_i(x)$, $K_i(x)$		
…						
n	$f_1(n)$, n					$F_m(n)$, $K_m(n)$

这里首先能认识到的是这样的$K_i(x)$在按照式（4）计算$F_i(x)$的过程中就可以得到，即对应最大值的k。如何利用它们来构造对应$F_m(n)$的投资方案，将在下面的算法和例子中介绍。

3. 算法描述

投资组合问题的算法分为两个阶段。第一阶段是算得最终的优化值，同时记住必要的中间结果。第二阶段是基于第一阶段的结果，构造一个具体的优化投资方案。算法描述如下：

算法：投资优化组合

（1）计算最优回报

```
# INPUT：总投资量n；项目数m；投资回报函数f_1,⋯, f_m
# OUTPUT：n在m个项目上投资获得回报的最大值F_m(n)和K_i(x),
# x=0, 1,⋯, n，i=1, 2,⋯, m
1   for i=1 to m：F_i(0)=0
2   for x=0 to n: F_1(x)=f_1(x); K_1(x)=x
3   for i = 2 to m:                  # 项目
4       for x = 1 to n:              # 总投资量
5           for k = 0 to x:          # 在第i个项目上的投资量
6               if (f_i(k)+F_{i−1}(x−k)) > F_i(x):
7                   F_i(x) ← f_i(k)+F_{i−1}(x−k)
8                   K_i(x) ← k
```

（2）计算最优组合

```
# INPUT：算法1（计算最优回报）的输出 K_i()
# OUTPUT：n在m个项目上的最佳投资方案p[1],p[2], ⋯, p[m]
1   x = n          # Backtracking starts from bottom right of K_n(m)
2   for i = m down to 1:
3       p[i]← K_i(x)          #在项目i上的投资量
4       x ← x- K_i(x)         #在前i−1个项目上的投资量
```

算法（1）的第1、2行初始化$F_i(0)=0$，$F_1(x)=f_1(x)$，$K_1(x)=x$，$i=1, 2,\cdots, m$，$x=1, 2,\cdots, n$，也就是二维表的第一列和第一行。随后从左到右，从上到下逐个计算$F_i(x)$、$K_i(x)$。涉及三重循环，第一重循环中

投资项目数i从2到m，第二重循环中总投资量x从1到n，第三重循环中k为投入到项目i的量。计算$F_i(x)$需要从x+1个$f_i(k)+F_{i-1}(x-k)$值中取最大的，对应在项目i上的投资量k值存入$K_i(x)$。

4. 算例分析

为了更好地说明问题，下面看一个稍微大一点的例子，n=5，m=4。4个项目的回报函数$f_i(x)$见表3-13。

表3-13 算法运行例的输入数据表（在各项目上的投资回报）

投资（x）	项目1，f_1	项目2，f_2	项目3，f_3	项目4，f_4
0	0	0	0	0
1	11	0	2	20
2	12	5	10	21
3	13	10	30	22
4	14	15	32	23
5	15	20	40	24

基于表3-13，运行上述第一个算法（计算最优投资回报），得到表3-14的结果。

表3-14 动态规划方法下算法第一阶段的执行结果

x	$F_1(x)$，$K_1(x)$	$F_2(x)$，$K_2(x)$	$F_3(x)$，$K_3(x)$	$F_4(x)$，$K_4(x)$
0	0，0	0，0	0，0	0，0
1	11，1	11，0	11，0	20，1
2	12，2	12，0	13，1	31，1
3	13，3	16，2	30，3	33，1
4	14，4	21，3	41，3	50，1
5	15，5	26，4	43，4	61，1

作为一个例子，来看对应在前两个项目上投资x=5的结果“$F_2(5)$=26，

$K_2(5)=4$”是怎么得到的。为了得到$F_2(5)$，也就是要看在F_1的基础上，在第2个项目上的不同投资量会怎样，即比较下面6个结果。

$F_1(5)+f_2(0)=15$，$F_1(4)+f_2(1)=14$，$F_1(3)+f_2(2)=18$，$F_1(2)+f_2(3)=22$，$F_1(1)+f_2(4)=26$，$F_1(0)+f_2(5)=20$其中26是最大的，而此时在第二个项目上投入4，即$K_2(5)=4$。

这个例子的最优回报是61。如何能得到具体的投资方案呢？这就是上面第二阶段算法（计算最优组合）的作用。它做的是一个“倒推”，从最后的结果（61，1）中的1开始，它意味着要在项目4上投入1，于是在其他3个项目上的投资量就是5−1=4。回溯看到分配在项目3上的投资量是$K_3(4)=3$。那么在其他两个项目上的投资量为4−3=1，继续回溯$K_2(1)$，为0，意味着在项目2上的投资量为0。继续回溯$K_1(1)=1$，那么对应项目1的投入是1万元。结论就是，给项目1投1万元，项目2不投，项目3投3万元，项目4投1万元，就能得到最高回报61。

5. 算法性质

（1）正确性

这是一个正确的算法吗？大家关心两点，一是为什么算法结束时给出的$F_m(n)$的确就是在m个项目上投入n万元的最优投资组合的回报，即最大回报；二是为什么从记录的$K_i(x)$，x=0, 1,⋯, n，i=1, 2,⋯, m，就能倒推出一种最优投资组合。

对于第一点，关键是认定公式（4）的正确性。可以这样推理：任何在i个项目上投资x的最优组合，总可以表达为

$$F_i(x)=f_1(k_1)+f_2(k_2)+\cdots+f_{i-1}(k_{i-1})+f_i(k_i) \tag{5}$$

其中$\Sigma k_i=x$。由于$F_i(x)$是最优的，这个式子右边的前i−1项加起来

就必须是$F_{i-1}(x-k_i)$，即在i−1个项目上安排投资量$x-k_i$能获得的最优回报，也就是$F_i(x)=F_{i-1}(x-k_i)+f(k_i)$。式（4）即是说，既然$F_i(x)$一定是这个形式，那就看看所有这种表达式中哪一个取得最大值，就取它为$F_i(x)$。有了这个认识再看算法，即是保证在按照式（4）计算每一个$F_i(x)$的时候，所需要的数据都已经在前面准备好了。按照从左到右、从上往下的次序来完成表3-11的填写，就保证了这一点。

对于第二点，注意算法是从总投资量开始，倒序看应该给每个项目安排多少资金。因为在第i列记住了$K_i(x)$，于是就知道了该给项目i安排的投资量。而从当前投资量x中减去$K_i(x)$，就是给前面i−1个项目安排的投资量。据此就可以定位到表中第i−1列的适当的行，这就是从K_i倒推回K_{i-1}的根据。这个过程从i=m，x=n开始，直到i=2。在各项目上的投资量，就是一路上确定的那些K。算法中循环到i=1，则是利用了$K_1(x)=x$的初始条件，正确地给p[1]赋值。

关于算法的第一阶段有两个进一步的问题：第一是项目的顺序，一直说“第一个项目”“前两个项目”等，哪个项目算是第一个、第二个在此重要吗？仔细体会上述式（5）会发现无关紧要。任何顺序都会得到同样的最终结果$F_m(n)$，尽管中间的$F_i(x)$可能不一样。第二是关于式（5）的条件中有“$\Sigma k_i=x$”，为了得到最大回报一定要用完所有的投资吗？如果没有回报函数单调增的假设，则不一定。

（2）效率

注意到整个过程就是要计算$F_i(x)$，i=2, 3,⋯, m，x=1, 2,⋯, n，即n行m−1列。而计算一个$F_i(x)$需要做x+1次比较，也就是说，计算一列数$F_i(x)$，x=1, 2,⋯, n，计算量为n(n+1)/2，于是整个计算复杂度就是$O(mn^2/2)$。

此时比较一下蛮力法的效率会有意义。即根据问题的定义，给定正整数n，要把它分成m个非负整数，n_1，n_2，…，n_m，$n_k \geqslant 0$，满足：

$$n_1 + n_2 + \cdots + n_m = n \tag{6}$$

且要基于各个项目的回报函数f_i，最大化总回报：

$$f_1(n_1) + f_2(n_2) + \cdots + f_m(n_m) \tag{7}$$

蛮力法就是枚举每一个满足（6）的解，带入（7）得到对应的值，留下最大的。这其中的计算量，正比于等式（6）的可行解的个数。它的算法复杂度等于$\binom{n+m-1}{m-1}$，大多数情况下要比$mn^2/2$大很多。

18 匹配

匹配，是人们社会生活中许多问题的一种抽象。例如，高考录取，是考生与大学之间的匹配；学生毕业了找工作，是毕业生和用人单位之间的匹配。这些匹配的形成过程，常常会在某种制度（包括法律法规、约定俗成的做法等）下进行。显然，这些匹配的结果如何（与制度很有关系），具有重大的社会意义。于是，匹配的制度设计就成为一个很有价值的问题。

1. 匹配市场模型

上面这些例子的共性，一是有双方，每一方有多个对象；二是互选，事情不能一厢情愿，纠结就发生在这里。其实，即使不是互选，由于资源有限，常常也会很难匹配。比如那些热门的大学，就算大学不挑学生，但宿舍床位有限，食堂空间有限，不可能容纳所有希望去的学生，最后总有怎么安排的问题。

下面来讨论一种相对简单的匹配问题，看看算法思想如何在其中发挥作用。设想有这样一个情境：你有A、B、C、D 4件旧物品希望送出去，现在有4个人W、X、Y、Z有兴趣要。当然，一人分得一件是比较合适的，也就是说要在物品和人之间形成一个匹配。可物品是不一样的，某两个人可能最想得到同一件物品，该如何安排呢？

按照经济学的说法，这意味着需求和供给之间有冲突。不妨从市场的观点来探讨一种解决方案。告诉他们，每人对每件物品给出一个以金额表达的价值，对应他愿意支付的最大数额以得到相应的东西。这样，所表达的价值就反映了人们对不同物品的喜爱程度，如图3-9a所示。

图3-9中的4×4数据矩阵就是W、X、Y、Z对A、B、C、D的估

值。每一行对应一个人，每一列对应一件物品。从中可以看到W最喜欢的是B，因为他给出的估值是9，在第一行中最大。而X和Z最喜欢的都是A，因为都给出了最大估值，于是有冲突了。图3-9b与图3-9a含义是一样的，只是另外一种图示，便于后面的算法讨论。

a）个人估值与物品的直接对应关系　　b）便于后续讨论的表示方法

图3-9　匹配市场的一个例子

怎么办呢？人们参照市场经济中的“物以稀为贵”设计了一个算法。该算法要通过为物品确定一组价格，来达成某种最优意义下的物品分配。下面先就图3-9的例子，通过图3-10中的3个图来解释这个算法的步骤，接着再讨论它的一些性质。

先看图3-10a，它和图3-9不同的是左边添加了4个0，用以表示A、B、C、D的初始尝试价格。同时也注意到，在原先的物品（A、B、C、D）和人（W、X、Y、Z）之间添加了一些边（线），形成了一个二部图，也就是节点可以分成左右两边，边只是跨两边节点的图。在这个算法中，那些边的含义很关键，表示“最大差价”。例如，W和B之间的边，意味着9-0=9是W目前看到的最合适的物品，于是表达了“W最希望得到B”的含义。此时，初始价格为0，最大差价也就对应最大价值了。若价格变了，最大差价随之改变，于是二部图中的边也就要相应调整了。

需要注意的是，我们看到图3-10a中表现出了一些冲突。例如，从W、X、Z沿着边向左看过去，只能看见A和B。也就是说3个人表达的最爱集中在两个物品上，因此没法都照顾到，怎么办？物以稀为贵，就让那些供不应求的物品加点价。于是看到了图3-10b，其中A和B的价格提升到了1。这里的算法规则是让二部图中的边总是对应最大差价。不过，就这个例子的当前数据而言，边还是那些，因此二部图的样子没有变。

下面是另一个要点。可以看到图3-10b中依然有W、X、Z 3个“争抢”A和B两个的现象。可以继续给A、B加价。不过，还可以看到X和Z要的都是A，也是一种“供不应求”现象，于是也可以单给A加价。加价的方式不唯一，只要是针对“供不应求”现象都可以。不同的选择不会影响最后结果的性质（可能对效率有些影响，但不是本文重点）。假设现在就选择只给A加价。

0	A	W	2	9	6	3
0	B	X	8	1	4	6
0	C	Y	5	3	7	2
0	D	Z	9	6	4	1

a）

1	A	W	2	9	6	3
1	B	X	8	1	4	6
0	C	Y	5	3	7	2
0	D	Z	9	6	4	1

b）

2	A	W	2	9	6	3
1	B	X	8	1	4	6
0	C	Y	5	3	7	2
0	D	Z	9	6	4	1

c）

图3-10 匹配算法过程示例

现在看图3-10c，A的价格提升到了2。可以看到，按照“最大差价”原则确定的物品和人之间的边，二部图发生了一个关键性变化——X现在认为也可以要D了，A和D对他来说差价都是6。于是，就浮现出一种无冲突安排，也叫完美匹配：A—Z，B—W，C—Y，D—X。

这种安排的意义重大。首先，每个人得到的都是对他而言差价最大的物品，也就是说他不可能通过要求换一个物品来获得更大的差价。再者，如果看4件物品对于它们的获得者的价值，对应图3-10c右边估值矩阵上圈出来的4个数字，满足它们的和是该矩阵上不同行不同列元素之和的最大值。这意味着，尽管并不是每个人都得到了最初最想要的物品（如X没有得到A），但这种分配实现了一种总体价值最优，称为达到了社会最优。

2. 匹配市场算法

上面的例子，让大家看到了借助市场“无形之手”——通过价格调整供需关系而得到的一种匹配的算法。一般地，给定任何非负整数估值矩阵，算法的框图如图3-11所示。

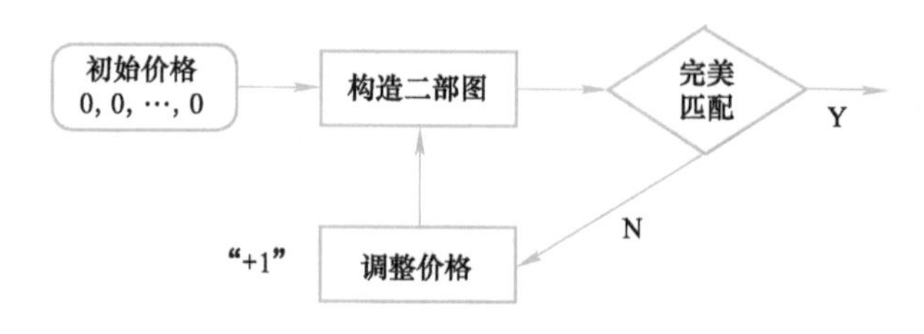

图3-11 匹配市场算法框图

一共有4个框，其中“初始价格”框不再做解释。

“完美匹配”是判断在二部图上是否出现了无冲突的匹配关系。根据图论，如果没有完美匹配，就意味着存在那种供不应求的冲突情况，也称为存在受限组，即二部图一边的节点子集大于邻居节点集。

如果发现了在“人”一边存在一个受限组和它对应的“物品”集合，“调整价格”就是很简单的事情，即给那些物品的价格+1。在前面的例子中已经提到，在任何受限组基础上做这种价格调整都会得到一致的结果。

而基于当前价格按照最大差价原则重新“构造二部图”，确定该有哪些边，也是直截了当的，即后面讨论中会看到的 $\max_{k}(v_{ik}-a_k)$。其中，取得max的k（可能多个）就指示“人”节点i就和“物”节点k之间有一条边。

难点在哪里？在于如何判断一个二部图中是否存在一个完美匹配。对于图3-10所示的例子，规模很小，凭目测就可以断定a和b中没有完美匹配，c中就有了。但一般来说这是不容易的，如图3-12所示。其中展示了4个二部图，能看出哪些有完美匹配吗？如果没有，能指出一个受限组吗？

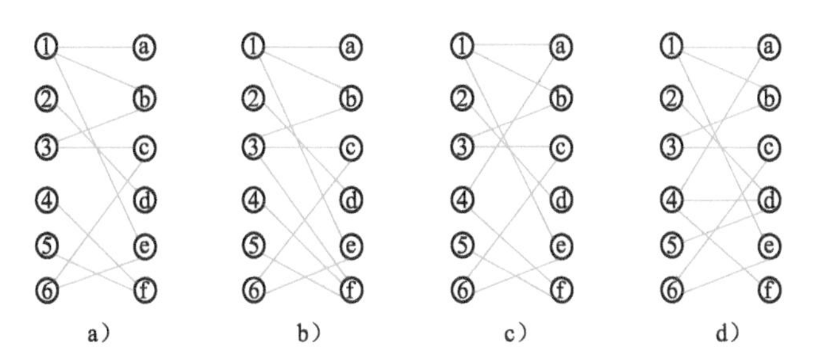

图3-12　目测这几个二部图是否存在完美匹配或受限组

也许，你能看到a中不存在完美匹配，因为有受限组{a, b, c, e}，它们对应到左边只有{1, 3, 6}；还能看到c中存在完美匹配a—4，b—1，c—3，d—2，e—6和f—5。但你肯定感到了这是一个相当困难的任务，需要用计算机来解决。的确，为了使图3-11所示的框架性算法能够实现，在“完美匹配”判断框要启用一个子算法，相当于调用子程序。

有多种不同的方法来判断一个二部图是否存在完美匹配。下面就来看网络流问题和这里的匹配问题是怎么联系起来的。

回顾前面的网络最大流问题。它针对一个有源节点（s）和目标节点（t）的加权有向图，确定从源到目标能够实现的最大流量。下面会看到有一种相当直接的方式，将判断两边都有n个节点二部图是否存在完美匹配的问题实例转换为一个网络最大流问题的实例，以至于后者的最大流量达到n，当且仅当前者存在一个完美匹配。

用图3-13中的例子来解释这个对应关系。图3-13a是要判断是否存在完美匹配的二部图，图3-13b是一个网络最大流问题的实例。它基于a，添加了两个节点s和t，s连到右边所有节点，t连到左边所有节点，给所有边赋予从右向左的方向，且令每条边的权值均为1。

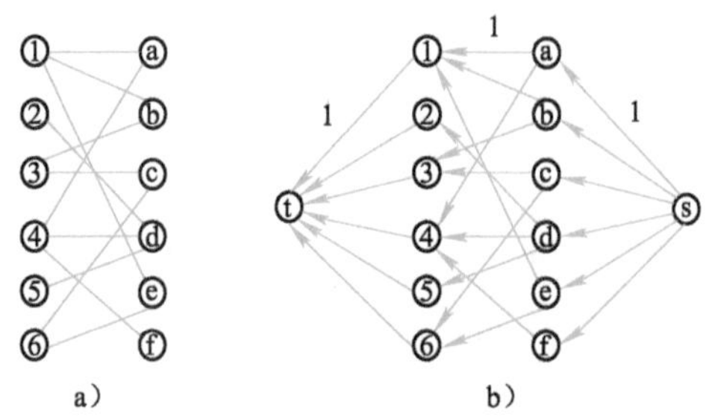

图3-13　判断二部图完美匹配问题实例与网络最大流问题实例对应关系的示例

不难看到，如果图3-13b中s到t的最大流量达到了n，注意到每条边的权重均为1，就意味着从s到t有n条中间节点无重用的路径，也就是a中有完美匹配，对应那些从s到t路径中的中间边。反之，如果b中s到t的最大流量小于n，意味着a中不存在n条端节点无冲突的边跨接在左右两边，也就是没有完美匹配了。当然，现在不仅需要得知是否有了完美匹配，还需要在没有完美匹配的情况下确定一个受限组和它的邻居集合。可以通过局部修改最大流算法来实现，让它同时也记住一次搜索过程在二部图两边发现的节点，一旦某次从s开始的搜索进行不到目标节点t，即预示着没有完美匹配，所发现的节点就构成了一个受限组和它的邻居集合。

上述这一段讨论有特别意义。当算法学习积累到一定程度，面对新的问题，往往有可能借用先前针对不同问题的算法。此时，关键在于要能在两个问题之间做适当的“映射”，能够从对老问题的解中“解释”出对新问题的解来。

3. 匹配市场算法的性质

至此，对图3-11描述的匹配算法还存在两个问题。第一，在调整价格的时候为什么总是“+1”？一次多加点会不会效率高一些？例如，从图3-10a到图3-10b似乎没起任何作用，如果一次性加2，就会省下一轮迭代。第二，算法是以完美匹配的形成作为终止条件的，为什么一定会形成呢？

这两个问题其实有关联。看图3-14所示n=2的例子，调整价格的时候做“+2”，会出现什么现象。

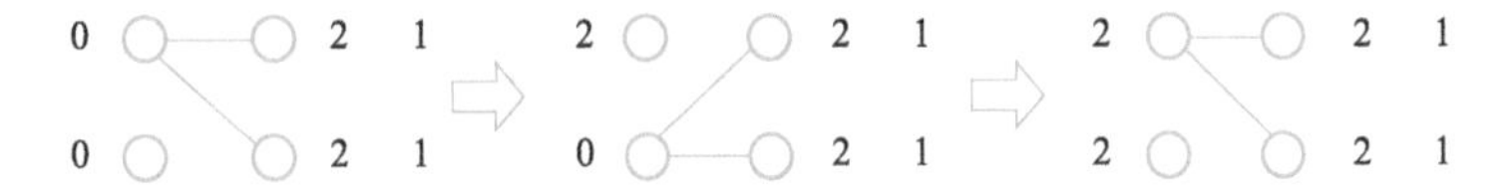

图3-14　调整价格时“+2”导致算法不能结束的例子

可以看到，整个情形就会在两种状态下无限循环往复，形成不了具有完美匹配的二部图。下面就来证明，“+1”则会保证具有完美匹配二部图的形成，即该算法一定会结束。

一般而言，算法是作用在某些数据上的处理过程。那些数据会在这个过程中得到某些改变。为了证明一个算法过程一定结束，尤其是对一些“框架性算法”（其结束条件可能是比较高层次的描述，就像这里的“出现了具有完美匹配的二部图”），一种很有用的方法是选择适当的数据对象，证明在算法过程中其值是单调有界的。

本文讨论的匹配市场算法，涉及的量包括估值矩阵中的值（在算法过程中不变）和在过程中变化的价格（初始为0）。为方便讨论起见，用V来表示估值矩阵，a表示动态调整的价格向量，如图3-15所示。

$$V=\begin{pmatrix} v_{11} & v_{12} & \cdots & v_{1n} \\ v_{21} & v_{22} & \cdots & v_{2n} \\ \vdots & & \ddots & \vdots \\ v_{n1} & v_{n2} & \cdots & v_{nn} \end{pmatrix}$$

a）估值矩阵V

$$a=(a_1,\ a_2,\ \cdots,a_n)$$

b）价格向量a

图3-15　匹配市场算法中的量

基于它们构造一个数据对象P，它包括两个求和项，第二项是当前价格之和，第一项对应当前价格下的最大差价之和。下面证明P在算法执行过程中具有“单调减且有下界”的性质。

$$P=\sum_{i=1}^{n}\max_{k}\left(v_{ik}-a_k\right)+\sum_{i=1}^{n}a_i$$

在理解了算法操作的基础上这个证明不难。由于“+1”涉及至少一个物品，第二项在算法的每一轮一定是递增的，如果涉及了m个物品，也就是增加了m。对应到二部图中的受限组，则至少涉及m+1个人，也就是在第一项中至少有m+1个max会减少1。减的多，增的少，整个就是单调减了。如果是“+2”，第二项将增2m，但就不能保证第一项减量超过2m了。读者思考一下这是为什么。

为什么有下界呢？只要注意到v是给定不变的和下面的推导式就可以了，其中“≥”号是由于取k=i。

$$P=\sum_{i=1}^{n}\max_{k}\left(v_{ik}-a_{k}\right)+\sum_{i=1}^{n}a_{i}\geqslant\sum_{i=1}^{n}\left(v_{ii}-a_{i}\right)+\sum_{i=1}^{n}a_{i}=\sum_{i=1}^{n}v_{ii}$$

值得注意的一个问题是，算法过程并没有直接针对要获得匹配估值总和的最大值，它只按照物以稀为贵的原则调整价格，人们按照自己的估值和当前价格做对自己最有利的诉求表达（二部图中以最大差价为指示的边），但“无意中的”结果就是社会最优。这是必然的吗？答案是肯定的。这个模型可以看成对“无形之手”理论的一种非平凡的具体诠释。

19 调度

说到“调度”，人们往往会想到交通运输部门的运行安排，也会想到企业中复杂的生产任务安排。其实，日常生活中也经常面临着多个事项需要合理安排，只不过任务数不大，也不涉及明显的经济指标限制，人们凭经验就足以应付，很少会联想到“算法”。当需要解决的任务数增加，且包含相互依赖关系时，算法可以帮助大家顺利、有效地完成任务。

1. 单纯依赖关系约束下的任务调度

从仅考虑任务间的依赖约束开始。如果任务X只能在另外某个任务Y完成后才能开始，就说X依赖Y。下面来看一个简单的例子。

同学们打算在教室里组织一场联欢活动，还准备自己动手包饺子。他们拟定了一个准备工作任务表，包含所有任务事项、每项任务耗时、任务间依赖关系（注意：只需列出直接依赖关系，而间接依赖关系自然地隐含在其中）。管理上通常将这些任务的集合称为一个“项目”。任务列表见表3-15。

表3-15　为准备一个联欢活动涉及的各项任务及其关系示例

名称	任务描述	耗时（分钟）	依赖
A	确认并分配任务	10	无
B	清扫教室	30	A
C	购置装饰与游戏用品	40	A
D	购置食材	20	A
E	制作挂饰	20	C
F	制作游戏用品	30	C
G	包饺子	80	D
H	布置活动场地	40	B, E, F
J	检查准备情况	10	G, H
K	请老师到场	5	G, H
L	完成，活动开始	0	J, K

有些任务之间没有依赖关系，执行顺序无关紧要。如果有多个执行者，这样的任务就可以并行。这里说的“调度”就是要给每项任务分配一个不同的序号，表示它们执行的顺序，满足：如果任务X依赖于任务Y，则X的序号就要大于Y的序号。如果两个任务之间没有依赖关系，则对它们的序号关系没有要求。从数学上看，原来所有任务间的依赖关系确定了一个“偏序”，即并非任意两个任务都必须“有先后”（称为“可比”）。调度即要在此基础上生成一个“全序”，即任何两个任务皆“可比”，对任意两个原来就“可比”的任务，新关系与原关系保持一致。换句话说，如果按照这个序号串行执行，一定满足原来要求的依赖关系。这个问题被称为“拓扑排序”问题。读者应该注意到，如果只解决拓扑排序问题，则并不需要考虑上述例子中每项子任务的耗时。

可以建立一个有向图模型。图中每个节点表示一个任务，节点X和Y之间存在从X到Y的有向边（X→Y），当且仅当对应的任务X直接依赖于任务Y。上述例子的图模型如图3-16所示。图中节点名称采用表3-15中的任务名称，暂时不考虑任务的耗时。

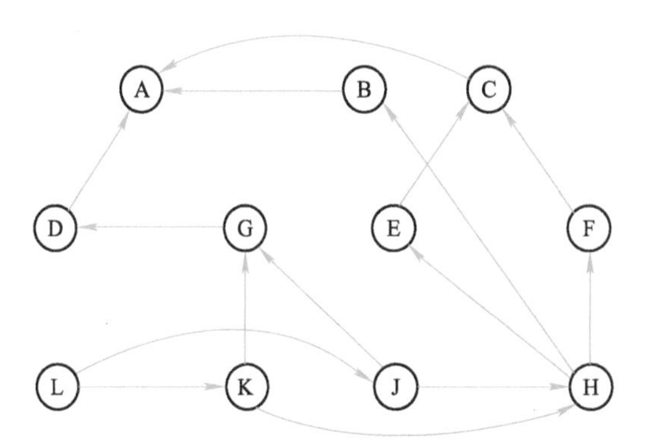

图3-16　与表3-15示例数据对应的有向图

在这个模型上解决拓扑排序问题的思路非常简单。要给每个节点分配一个序号，这需要遍历所有节点。根据问题要求，如果任务X依赖于任务Y（无论是直接还是间接），分配给节点X的序号必须大于Y的序号。在图模型中存在的任意一个简单有向通路v_1, v_2, …, v_k表明任务i-1依赖于任务i（1<i≤k）。这条通路可以看作一条“依赖链”，显然通路中的节点被分配的序号是严格递减的。

图节点遍历常用算法有两种：深度优先与广度优先。前面讨论迷宫算法时介绍过深度优先算法（DFS）。它的基本步骤如下（这里假设从起始点一定可通达所有节点）：

1）选择一个起始点，并将其作为第一个“当前节点”，置状态为“已访问”。

2）如果当前节点所有的相邻节点都是“已访问”状态，结束从当前节点开始的遍历子过程，退出（回溯）。如果当前节点就是起始点，则整个遍历完成。

3）取当前节点相邻节点中的一个尚未访问过的节点w作为新的“当前节点”，置状态为“已访问”。从w开始递归执行本过程（即上述第2步）。

在图3-16中，从L开始执行深度优先搜索过程，可能产生的一个访问序列如下：L，K，H，F，C，A（A，回溯）（C，回溯）（F，回溯）（H），E（E，回溯）（H），B（B，回溯）（H，回溯）（K），G，D（D，回溯）（G，回溯）（K，回溯）（L），J（J，回溯）（L，结束）。这对应表3-16中的“访问序”。具体的访问序列与当前节点的所有相邻节点被访问的次序有关（由算法实现决定，即上述算法第3步节点w的选取）。这对后面生成的全序有影响，但对满足问题的约束条件没有影响。

下面来看“拓扑序”的确定。在深度优先搜索过程中，任一节点在回溯后就再也不会被访问了，也就是它所依赖的节点都已经访问过了，因此如果我们在其即将回溯前给它分配拓扑序号，且号码值从1开始依次加1，则上述过程给出的拓扑序号与任务名称的对应关系见表3-16中的第三行。容易验证出这个顺序满足表3-15中的任务依赖要求，即按照这个序号，先做“1”（A），后做“2”（C），…，最后做“11”（L），就不会出现当要做一件事的时候，它前面还有没做完的事情。

表3-16　深度优先遍历生成的任务名称与访问序号、拓扑序号的对应关系

任务名	A	B	C	D	E	F	G	H	J	K	L
访问序	6	8	5	10	7	4	9	3	11	2	1
拓扑序	1	5	2	7	4	3	8	6	10	9	11

对前述深度优先算法稍加修改（在回溯前给节点编号），即可得一个拓扑排序算法（留作读者练习）。其中有两点值得注意。第一，起始节点（将最后编号）应该是不被任何其他节点所依赖的，即要选入度为0的节点。第二，对于任意的依赖关系输入，拓扑排序问题未必都有解。设想一下，有两个任务X和Y，X依赖于Y，但Y也依赖于X（可能是间接的）。这就形成了所谓相互依赖的“死循环”，无论怎么安排都没法满足它们。这种状况在上述图模型中体现为一条有向回路。在算法中判断这种情况的标准方法是用3个状态（通常形象地用颜色白、灰、黑标记）来表征一个节点在深度优先搜索过程中不同时间段上的情况。white表示“尚未发现”，grey表示“已发现但还未关闭”（在进入DFS时设置），black表示“已关闭”（即已回溯，在离开DFS时设置）。在第2步，发现了一个灰色节点，就意味

着图中存在回路。

这个算法只是在深度优先搜索过程中增加了常数次简单赋值操作，所以其时间代价与深度优先搜索算法一样，为O(m+n)，其中m，n分别是输入图的边数与节点数。

如果不熟悉深度优先等递归性质的算法，还有一个概念上较简单但时间代价较大一些的拓扑排序算法。其要点是：不断删去有向图中出度为0的节点，删除的顺序就是节点的拓扑序。这种思路的程序实现十分容易，直接操作邻接矩阵就可以，不用递归，对初学者有一定教益。

2. 执行时间与依赖关系共同约束下的任务调度

现在来考虑任务执行时间的影响。将表3-15给出的例子画出反向依赖图，并将每个子任务的耗时标注在指向相应节点的边上，得到图3-17。此时，边A→B的含义是B必须在A完成后才可以开始（即B依赖于A），上面的“30”表示B需要耗时30min。

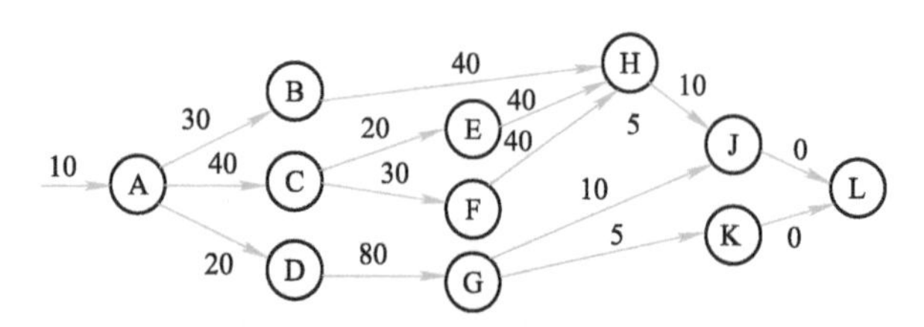

图3-17　带时间标记的任务关系图

这样一个任务关系图中显示了在人力允许的情况下可以并行执行的多条路径，例如，在任务A完成后，可以同时执行{任务B}以及{任务C，任务E}，甚至还能同时执行{任务D，任务G}（花括号内的任务串行执行）。图中粗线表示到整个项目执行完成最长的一条路径是A→C→F→H→J→L。这条路径耗时130min。如果不能压缩这条路上的耗时，其他任务即使压缩了耗时也不能提前整个项目的完成时间。因此，这条路径称为“关键路径”，关键路径中体现的依赖关系称为“关键依赖”。在这个例子中，单项任务耗时最多的是包饺子（G，80min）。增加一些人手可以将其耗时降下来。但它并不在关键路径上，因此包饺子提前完成对于整个项目缩短时间并没有任何意义，只是增加了一些闲着等待的人。

此时，调度的追求是识别关键路径，从而得知完成整个工作所需时间的下界。在任务管理中找出关键路径，并通过有针对性地加大资源投入，改进技术等手段压缩该路径上的耗时，是提高办事效率的重要方法。

基于前述深度优先搜索算法，适当记录中间结果，就可以解决这种关键路径问题。它包括两个方面，一是关键路径的长度（时间），二是路径本身（经过的节点）。在这个意义上，和上一期讨论的“投资组合问题”有共通之处，即不仅要得到一个目标量值，还要得到构成该目标量值的具体实现。这也是计算机问题求解中的一种相当广泛的要求，策略大都是通过在追求目标量值的过程中记录某些中间结果，然后通过它们反演出具体实现方案。下面来看怎么解决这个问题。

这里的关键是要认识到，如果任务A直接依赖于任务B，则A的最早“开始时间”不可能早于B的最早“完成时间”。进而，如果A依赖于多个任务，则A的“开始时间”不可能早于它们“完成时间”的最晚者。而一个节点的完成时间等于它的开始时间加上它的耗时。

参照图3-17，如果确定了每个节点的最早“完成时间”，对应最后一个任务（L）的，就是关键路径的长度。而在L所依赖的节点中，谁的完成时间最晚，也就是关键路径上的前一个节点；如此继续，直到起始节点A，就反演出了关键路径的构成。基于此思想的代码如下：

```
1   def DFS(current_node):
2       my_starting_time = 0
3       color[current_node] = 'grey'
4       for i in range(len(neighbor[current_node])):
5           x = neighbor[current_node][i]
6           if color[x]=='white':
7               DFS(x)
8               if finished_time[x] >= my_starting_time:
                #尝试确定当前节点的最早开始时间
9                   my_starting_time = finished_time[x]
10                  critical_dependance[current_node] = x #记录关键依赖关系
11          elif color[x] == 'grey':
12              pass #若图中有环，这里就要进行处理。
                    #为简单起见，我们假设无环
13          else:       #即 color[x]=='black'，不用再搜索，
                    #但也要比较时间
14              if finished_time[x] >= my_starting_time:
                #尝试确定当前节点的最早开始时间
15                  my_starting_time = finished_time[x]
16                  critical_dependance[current_node] = x #记录关键依赖关系
17      finished_time[current_node] = my_starting_time + delay[current_node]
18      color[current_node] = 'black'
19      return
```

其中用到的几个数据结构是：

neighbor：线性表向量，初始化为每个节点的出向邻居，基于图3-16（而不是图3-17）的方向性。

delay：向量，输入数据，记录每个节点的耗时。

color：向量，记录节点在深度优先遍历过程中的状态，初始化为全'white'。

finished_time：向量，记录节点的最早完成时间。

critical_dependance：向量，记录关键依赖关系。

看这段程序，如果没有第2、8～10、14～17行，那就是一个从current_node（当前节点）开始的标准深度优先搜索。其中第4行的for语句保证当前节点的每一个依赖关系（x）都会被考虑到。第9～10、14～16行就是我们说的记录中间数据。站在当前节点的角度，把所依赖节点的完成时间的最大者定为自己的开始时间（my_starting_time），同时也在critical_dependance中记下它。最后再加上自己的耗时，得到自己的完成时间，供依赖自己的节点参考。

这其中有两点值得提请注意。一是为什么要考虑当前节点的所有依赖节点，而不仅是刚看到的white节点？这是因为前面说的，当前节点的最早开始时间不得早于所依赖节点的最晚结束时间，与访问顺序无关。二是在最后的critical_dependence中，不仅记录了从开始任务到结束任务的关键路径信息，同时也记录了从开始任务到任何任务的关键路径信息。基于以上程序，得到的结果见表3-17。

表3-17　关键路径求解程序的运行结果

任务名	A	B	C	D	E	F	G	H	J	K	L
完成时间	10	40	50	30	70	80	110	120	130	125	130
关键依赖	—	A	A	A	C	C	D	F	H	H	J

从中可以反演出整个任务图的关键路径：A→C→F→H→J→L。

从上述讨论可以看出，这个算法只是根据特定问题的需要，在深度优先搜索算法中加入适当代码保留一些中间数据，就实现了期望的问题求解目标。这样就能够将DFS过程当作一个“算法框架”，可以用它拓展出针对不同问题的许多算法。

关于关键路径问题的求解，需要注意的是，它所面对的图不仅是一个有向无环图，还应该是有唯一“起始节点”（入度为0）和唯一“结束节点”（出度为0）的。每个节点都可到达结束节点，也都可被起始节点到达。为此，在实际应用中有时需要添加虚拟的起始节点和结束节点，算法方可正确运行。

3. 负载均衡调度问题

前面提到调度问题最大的应用背景应该是生产活动。具体应用与限制条件的不同发展出了大量的调度问题。这与拓扑排序问题有很大差别，生产实践中产生的调度问题大多属于“难”问题。对于计算机科学家而言，“难”问题通常指：问题输入规模增加到足够大时，大家倾向于相信全世界的计算资源都不足以支撑获得问题的最优解。但调度问题的解往往涉及巨大的经济效益，这就促使人们设法寻求可接受的解决途径。放弃对最优解的追求，转而满足于质量有一定保证的近似解就是目前遵循的最重要的原则之一。令人惊喜的是，这往往会带来非常简单但可以满足实践需要的算法。下面用一个最容易表述的例子帮助读者建立一些初步的认识。

考虑需要在m台完全相同的机器上执行n项没有依赖关系的任务，p_i (i=1, 2,···, n)为任务i的耗时，在任何一台机器上执行都一样。假设每项任务不可分割。如何将n项任务分配给m台机器，使得项目总执行时间最短？这个问题称为“（多台相同机器上的）工期问题”。稍微想一想，不难认识到这里就是要追求让n个任务尽量“均匀地”（以时间为衡量）在m台机器上分配。而最优解不可能小于$S=\Sigma_i p_i/m$。

显然，如果机器数m大于等于任务数n，因为任务不可分割，则最大任务耗时就是整个项目最小完成时间。下面约定n>m，可以证明工期问题是上面所说的“难”问题，按照最直观的贪心策略就可以找到一个结果“可控”的近似算法。

一个自然的想法是：先把m个最大的任务安排给每台机器，剩下来的再逐个往不同的机器上“塞”。“塞”的原则很简单，当前哪台机器负载最小（即完成已分配任务所需的时间最短）就给它加任务。为此，先对所有任务按时间降序排序（时间复杂度为O(nlogn)），然后一一安排。整个算法过程如下所示。其中的关键数据包括：

- 一组集合$T_i(1 \leqslant i \leqslant m)$，$T_i$的元素为已分配给第i台机器的任务，算法终止时输出$T_i$。
- 数组Time: Time[i]的值为第i台机器当前总负载，算法终止时，Time[i](i=1, 2,⋯, m)的最大值即为算法计算的结果。

```
GREEDY MAKESPAN(p₁, p₂,⋯pₙ, m)   #pᵢ(1≤i≤n)为任务i的耗时，
                                  #m>2为可用机器台数
初始化 Time[i] = 0, i=1, 2,⋯, n
对输入的pᵢ序列排序                 #不失一般性，
                                  #假设结果为p₁≥p₂≥⋯≥pₙ
for i = 1 to n:
    计算k，满足Time[k] = min{Time[j], j=1, 2,⋯, m}   #找出负载最小的机器
    T[k] = T[k]∪{i}
    Time[k] = Time[k]+pᵢ
输出 (T₁, T₂, ⋯, Tₘ)
```

建议读者用自己熟悉的语言来实现这个算法，特别是用尽可能简单的方法解决其中“找出负载最小的机器”的问题。例如，我们假设n=10，m=3，任务的负载为80、40、40、30、30、20、20、10、

10、5。按照算法，运行结果见表3-18。

表3-18　负载分配贪心算法

迭代	1	2	3	4	5	6	7	8	9	10
M1	80							10	10	
M2		40		30		20				5
M3			40		30		20			

前面说这个近似算法是“可控”的，这是什么意思呢？我们希望确定算法的输出与最优解差距有多大？这似乎提出一个“悖论”：如果知道最优解，根本不必费心去找近似解；但如果不知道最优解，怎么能知道差距有多大呢？奥妙在于利用数学知识与算法本身的特性，可以试图估计出差距的“上界”。这个问题是求最小值问题，因此算法输出的近似解一定大于最优解。如果能确定最坏情况下大多少，使用者心中就有数了。

这里的关键在于能否估计最优解的值的“下界”，即最优解至少得多大。前面已经提到，最优解不可能小于均值$S=\Sigma_i p_i/m$，即它就是一个下界。

现在来考虑算法本身的行为。假设整个项目中最迟完成的任务下标为k，则安排任务k时的场景示意如图3-18所示。

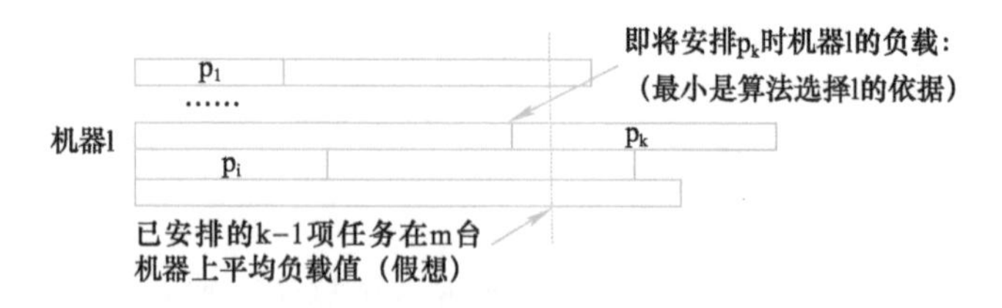

图3-18　负载均衡调度问题的贪心算法误差上界证明示意图

假设任务k被分配给机器1，则当时机器1是负载最小的，因此

Time[l]一定不大于前面k-1个已安排任务的平均耗时。而这只是所有任务中的部分，所以一定不大于$\Sigma_i p_i/m$，因此也不大于最优解。考虑到p_k是最小的负载，因此不可能大于平均值（最优解的下界），算法输出的值，就是这两项的和，一定不大于最优解的2倍。在表3-18所示例子中，总时间为80+40+40+30+30+20+20+10+10+5=285，因此在3台机器并行的条件下，最短时间不会少于285/3=95。

这种保证得到的解不大于最优解2倍的算法也称为2—近似算法。至于实际应用场景能否容忍这样的误差就得由用户自己决定了。采用更复杂的技术可以进一步降低工期问题算法的误差，甚至可以做到“任意小”（当然效率成本会迅速提高）。

20 密码

自从人类进入阶级社会以来，军事与政治斗争催生了保密通信。对需要传递的信息加密，即使信件落入敌方手中，其内容也无法被理解。现在随着网络渗透到每个普通人生活的方方面面，信息安全成了全社会的“刚性”需求。使用互联网的每个普通人恐怕每天都得有几次需要输入密码的时候。其实只要在网上使用信息服务，总有加密/解密算法在无声地为你服务。包括你进入各种服务的登录信息，往往也会被加密，避免他人得到你的个人身份信息。

1. 恺撒密码

一般教科书上都会将古罗马时代的恺撒密码视为我们能够确知的第一种密码系统。这种密码非常简单。

假设通信时只使用26个英文字母（不区分大小写），加上空格符号，“字母表”总共有27个符号。英文字母是有确定次序的，分别用0～25表示字母表中相应的字母，并令空格符的编号为26。

恺撒密码的“密码机”如图3-19所示。大小不一的两个同心圆周上依次分布着26个字母。内圈的小圆盘可以旋转，例如当前位置状态下小圆上的字母A对应于大圆上的字母S，B对应于T，以此类推（图中未包含空格符）。

将明文中的符号（小圆）替换为对应符号（大圆）即可得到密文。根据图中标示的编号，如果用c(x)和p(x)表示密文与明文中分别使用的符号在字母表中序号，则加密过程可以用以下公式表示：$c(x)=p(x)+18 \bmod 26$。这里使用模算术，即结果为简单加法和对26取余数，保证不会出现“字母表溢出”

图3-19　恺撒的“密码机”

18即在字母表中的“位移量”（大小两个圆对应字母在字母表中的距离），因此恺撒密码是一种简单位移码，这个例子中“密钥”是18，解码时只需按照公式：p(x)=c(x)−18 mod 26。这个过程很简单，下面直接给出相应的Python代码：

```
def encode_decode(op):
    message = input("Please input your message: ")
    length=len(message)
    translation=""
    if op == "crypto":                # 加密
        for i in range(length):
            k=alphabet.index(message[i])
            k=(k+5)%40
            translation=translation+alphabet[k]
    else:                             # 解密
        for i in range(length):
            k=alphabet.index(message[i])
            k=(k-5)%40
            translation=translation+alphabet[k]
    print (translation)


alphabet='abcdefghijklmnopqrstuvwxyz0123456789.,? '
```

```
op=input('What do you want to do: c(crypto) or d(decrypto)? ')
if op == 'c':
    encode_decode("crypto")
elif: op == 'd':
    encode_decode("decrypto")
else:
    print("No such operation!")
```

函数encode_decode既用于编码也用于解码。这里采用的“密钥”是5，并限定使用的字母表只包含小写英文字母、十进制数字、最基本的标点符号以及空格符，一共40个。利用上述编码方式，报文“we will arrive at railway station 3 pm tomorrow afternoon.”将被加密为：“1je1nqqefwwn0jefyewfnq1f3exyfyntse8eureytrtwwt1efkyjwsttsb”。

由于恺撒密码中可选的密钥不大于字母表的长度，所以在计算机时代通过穷举法即刻可以破解。即使使用人工方法，这个密码也不难破解。注意，上述过程中空格符也同样移位。

如果不是使用一个固定的位移量，显然可以使破解的难度增大。考虑不用一个数字作为“密钥”，而是选择一个英语单词作密钥，如“algorithm”。这个单词由9个字符构成，用它们在英文字母表中的序号（从0开始）作为相应的“位移量”，则分别是“0，11，6，14，17，8，19，7，12”。现在加密是依次轮流使用这9个不同的位移量值，只需对密钥字长度取模即可。读者很容易修改前面的过程，实现多位移量加密。即使是使用多位移量，密钥不是太长时，利用计算机也很容易破解。

2. 置换码

显然，如果不是采用固定的“移位方式”，而是定义一个字母表上的一一对应的映射，则由于长度为n的字母表中字母的可能排列方式有n!种，采用字母表上的置换方式定义密钥比恺撒密码安全得多，至少人工破解非常困难了。

用随机方式生成字母表的任意一种排列，这样的排列共有n!种，尽管目前计算机中不可能产生真正意义上的“随机”，但下面的算法可以保证得到任意一种排列的概率是相同的。

```
def randomized_order(alphabet):
    n=len(alphabet)
    alphabet_list=[]
    for i in range(n):
        ch=alphabet[i]
        alphabet_list=alphabet_list+[ch]
    print(alphabet)
    print(n)
    for i in range(n):
        new_position=random.randrange(i,n)
        temp=alphabet_list[i]
        alphabet_list[i]=alphabet_list[new_position]
        alphabet_list[new_position]=temp
    print(alphabet_list)
import random
alphabet="abcdefghijklmnopqrstuvwxyz0123456789.,? "
randomized_order(alphabet)
```

因为Python中的string不支持内容的修改，所以需要将原字母表转为list。新的排列相当于在字母表上定义了一个一一对应的函数，这就是“密钥”。读者应该很容易实现相应的加密与解密算法。

虽然从表面上看n！对计算机而言也是巨大的数，用穷尽法破解很不现实。但自然语言中字符出现的频度有明显差异，只要积累足够的密文，通过频度分析就能找到解密的突破口。

3. 转置码

有的读者可能玩过一种游戏。在一张硬纸板上画出包含4k（4的倍数）个小方格的方阵，将其中k个挖空。将硬纸板放置在白纸上，如果挖的位置适当，可以按照特定方向旋转90°的方式依次在挖空位置上写字而不重叠。总共写完4k个字后就形成了含4k个字的密文。挖空的位置就相当于“密钥”。一个含16个空格的简单例子如图3-20所示，利用左边的“密钥”，以逆时针方向旋转对中间的“明文”加密得到右侧的密文（这里为了简单只用16个位置）。

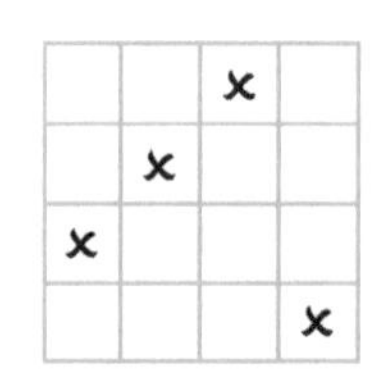

老骥伏枥
志在千里
烈士暮年
壮心不已

烈壮老志
在骥心士
伏千暮不
已年里枥

图3-20　转置码概念示意例子

这种加密方法与前面介绍的移位码与置换码不同。字母表中每个字符在密文中的对应字符不由字符本身决定，而是取决于该字符在原文中出现的位置（不是字母表中的位置）以及加密时采用的位置对应关系。这个例子中用的纸板上挖孔的方式当然不适合计算机实现（但可以让计算机帮大家决定合适的挖孔位置）。计算机中基于同样思想的方法称为“转置码”。注意这种方法与字母表的字符表示无关。

转置码的基本原理可以描述如下：假设明文包含n个字符。先确定“行宽”，假设为w。明文是按行书写的，加密时通过转置使得原来的“行”变成“列”，但密文仍旧按照按行输出形式生成，如图3-21所示，最左边为明文，右边两个为密文。

```
WEWILLARR      W I A T T      W I A T T
IVEATTHER      E V I I O      L T A A R
AILWAYSTA      W E L O M      E V I I O
TIONAT3PM      I A W N O      A H S 3 O
TOMORROW       L T A A R      R E T P W
               L T Y T R      I A M N O
               A H S 3 O      R R A M *
               R E T P W      W E L O M
               R R A M *      L T Y T R
```

图3-21　转置码原理示意

这里假设密钥m=9（行宽），整个明文长度未必是m的整数倍，最后的空格可以用任意字符填满至行宽。为什么填任何字符都可以？

其实在计算机中并不需要“行列”的概念，只需适当控制输入与输出中字符相应index的关系就可以了。具体说，把左边的明文编码为右边的密文，明文中index从0开始顺序递增，右边密文中字符的index依次是km+i，其中m是密钥，k从0开始，每“行”加1，i=0, 1, 2,⋯, m。

为了提高安全性，可以在应用转置码时除m外再加一个密钥，是一个长度为m的字符串，如“algorithm”，按照英文字母表排序作为该字符串内元素序号，“algorithm”将对应于（1, 5, 2, 7, 8, 4, 9, 3, 6），编码是用此序列作为“列”的顺序，如图3-21最右图所示。

编码算法过程的Python实现如下所示，读者也可自行实现类似的解码过程。

```
def transposition_encode(keyword1,keyword2): #用转置码加密
    plaintext=input("Please input the message:")
    length_plaintext=len(plaintext)
    empty=length_plaintext%int(keyword1) #计算需要填充的空位数
```

```
    if empty!=0:
        column=length_plaintext//int(keyword1)+1
        while empty!=0:
            plaintext=plaintext+"s"
            empty=empty-1
    else:
        column=length_plaintext//int(keyword1)  # 计算“列”数
    encoded_text=[] # 用list存放输出的密文
    for i in range(keyword1):
        for k in range(column):
            exchange=keyword2.index(keyword2[i])
            index=k*int(keyword1)+keyword2[i]
            ch=plaintext[index]
            encoded_text=encoded_text+[ch]
    print(encoded_text)

width=9 #第1个密钥
key="algorithm" #第2个密钥
keyword2=[0, 4, 1, 6, 7, 3, 8, 2, 5]
# 这里为省略篇幅，直接手工生成key中字符的顺序表
transposition_encode(width, keyword2)
```

4. 公钥密码与RSA算法

前面提到转置码虽然可能的密钥数量巨大，但通过字符频度分析容易找到破解的入口。频度分析依赖于样本数量，如果经常换密钥，显然安全性会提高。极端地说，如果每个密钥只用一次，则可以认为这样的密码是无法破解的。

可是，前面介绍的方法加密与解密必须使用相同的密钥，这称为“对称”密码。通信双方必须保有相同的密钥，经常更换代价很高。

20世纪70年代以前，人们一直确信对称对于加密和解密是固定的

规则，而非对称密码的出现是一次重大的突破。相关的学者为此得到计算机领域最高奖——图灵奖。

在讨论密码通信时，我们常用两个假想的人物Alice和Bob表示发件人和收件人。可以用一个形象的比喻解释“非对称”的含义。如果Bob在公众场合所放置了多个信箱，上面有锁但并不锁上，只有Bob本人有信箱的钥匙。当Alice打算发一封密信给Bob时，她只需将信放入Bob的信箱，随即将锁锁上（当然她自己也无法将信取出来了）。Bob只需用自己的钥匙开锁就可以拿到密信。

基于非对称的思想可以开发“公钥”密码。密钥被分为两部分，Alice用Bob公开的密钥（称为公钥）对报文加密，但解密需要的部分（称为私钥）则只有Bob本人掌控。计算机实现时，不是像前面那些方法那样逐个字符转换。将整个报文看成一个数（计算机中任意的字符串都可以看作一个二进制数），当然可能是非常大的数。大家需要的是一对函数与反函数，按其中一个方向计算容易，但逆运算却非常困难。

下面通过一个简化的例子来描述公钥密码的使用过程。在本书“大数乘法三解”一章中介绍了大数相乘的算法，在计算机上很容易实现。反之，如果已知两个很大的质数的乘积，要想通过分解知道原来两个乘数究竟是什么就非常困难了。当数字很大时，现在的计算机也无法在可以接受的时间内算出结果。这里强调“两个质数”的乘积，就是避免包含很小的因子，为分解提供突破口。

公钥密码使用的RSA算法选择密钥的过程可简述如下：

1）随机选择两个不同的大质数p、q，比如1000位以上的。

2）计算：$n=p\times q$。

3）计算 $m=(p-1)\times(q-1)$，选一个较小的奇数e，与m互质。

4）计算d，满足$ed=1 \pmod m$。

5）将e、n公布，作为公钥；安全保存d，作为私钥。

Alice将明文M加密为密文C，并将C发给Bob，按如下方式计算（前面说了，M可以看作一个数字）：

$P(M) = M^e \pmod n$，这里只需要公钥，P是加密函数。

Bob将密文C还原为明文M，按如下方式计算：

$S(C) = C^d \pmod n$，可以证明：$C^d = M^{ed} \pmod n$。

为便于读者理解，这里举一个很小的例子。

假设Alice要发给Bob的明文M=“88”，则：

1）Bob已经选择两个质数11和17，乘积为187，并选择了小奇数7（与160互质）。Bob将187和7公布，作为公钥，并计算出d=23，满足$23\times7=1$（mod $160=(11-1)\times(17-1)$），23作为密钥保存。

2）Alice将88加密为$C=88^7 \pmod{187}=11$，并发送给Bob。

3）Bob利用私钥23解密：原文$=C^{23} \pmod{187}=11^{23} \pmod{187} = 88$。

互联网的广泛应用使得每个普通人日常都需要使用加密解码功能，如果没有公钥密码，每个人去维护对称密钥是完全不可能的。但另一方面，公钥密码并不能替代对称密码，公钥密码并不能保证满足更高要求的信息安全度。另一方面，从上面的介绍中大家也能看出它需要的计算量很大，效率受到影响。现在的对称密码的设计复杂度远不是我们前面介绍的那些方法可比的。密码涉及非常深的数学概念，尽管现在有关密码的书可谓“汗牛充栋”，但一般读者能理解的并不多。

21 社会网络

人和人之间的关系，可以看成一个网络，用图或有向图来描述，或者说用它们来建模。图和有向图是用算法求解问题中十分常见的一类模型。取决于所考虑的人群范围和关系的定义，社会网络可有多种多样。最熟悉的，是现实生活中的“熟人”关系，见面相互都能叫得上名字，用图来描述就很合适，如图3-22a所示。而微博博主之间的“粉丝关系”，不一定是互相的，用图来表示就不合适了，需要用有向图，如图3-22b所示。箭头方向就表达了粉丝关系的单向性。如果两个人互粉，例如，节点2和节点5，那他们之间就有两条不同方向的边。

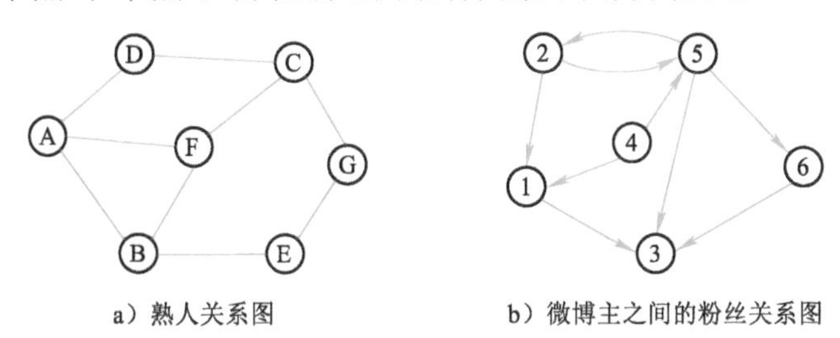

a）熟人关系图　　b）微博主之间的粉丝关系图

图3-22　用图或有向图表示社会网络的例子

社会网络分析有许多现实的意义。例如在疫情期间发现一个病例，要确定他有哪些“密接者”，就涉及社会网络分析。社会网络中的边具有时间特性（即只在某个时间段存在），也称为“接触网络”。现在一些城市要求市民在一些场所通过扫描特定的二维码“打卡”，其意义之一就是为了在发现病例的时候，能够迅速构建与其相关的接触网络。

下面介绍社会网络分析中的两个基础算法，读者可以从中了解社会网络分析的一种主要计算模式——矩阵运算。这类算法从算法逻辑的角度，会显得比较简单，它们的引人入胜之处在于其结果对于某些社会现实意义的体现。本节主要关注有向图，邻接矩阵一般不对称。如图3-23a就是前面图3-22b中有向图的邻接矩阵表示，其中行和列的编号对应图中的节点，即第i行第j列的值$a_{ij}=1$，当且仅当有一条从节点i指向节点j的边。有时候，如果需要表示一个节点指向自己的情形，也就会有$a_{ii}=1$。

$$A=\begin{pmatrix} 0 & 0 & 1 & 0 & 0 & 0 \\ 1 & 0 & 0 & 0 & 1 & 0 \\ 0 & 0 & 0 & 0 & 0 & 0 \\ 1 & 0 & 0 & 0 & 1 & 0 \\ 0 & 1 & 1 & 0 & 0 & 1 \\ 0 & 0 & 1 & 0 & 0 & 0 \end{pmatrix}$$

a）一个邻接矩阵

$$A'=\begin{pmatrix} 0.00 & 0.00 & 1.00 & 0.00 & 0.00 & 0.00 \\ 0.50 & 0.00 & 0.00 & 0.00 & 0.50 & 0.00 \\ 0.00 & 0.00 & 1.00 & 0.00 & 0.00 & 0.00 \\ 0.50 & 0.00 & 0.00 & 0.00 & 0.50 & 0.00 \\ 0.00 & 0.33 & 0.33 & 0.00 & 0.00 & 0.33 \\ 0.00 & 0.00 & 1.00 & 0.00 & 0.00 & 0.00 \end{pmatrix}$$

b）邻接矩阵每一行除以出度的结果

图3-23　对应图3-22b中有向图的邻接矩阵

对矩阵概念陌生但对编程比较熟悉的读者，不妨就想象程序语言中的“二维数组”。在Python中可用二维列表或者numpy中的数组直接体现，例如图3-23a中的矩阵用二维列表给出就是：

```
A=[[0,0,1,0,0,0],
   [1,0,1,1,1,0],
   [0,0,0,0,0,0],
   [1,0,0,0,1,0],
   [0,1,1,0,0,1],
   [0,0,1,0,0,0]]
```

用A[i][j]访问它的第i行第j列元素。有时候，为方便起见，也用矩阵（数组）的第i个行向量和第j个列向量来分别指代A[i][j]（j = 1, 2,⋯, n）和A[i][j]（i=1, 2,⋯, n）。注意它们分别都包含n个元素，视觉形象上对应数组的行和列。

要讨论的两个算法，其社会现实意义分别涉及社会网络中节点的

“发言权”和“影响力”。为了体会这些说法的现实含义，不妨考虑下面这样一种情境。

设想在某中学的一个班里，学生们相互熟悉。现在要讨论某个话题，譬如生物多样性，或者校门口那一棵大槐树的高度。老师让每个学生分别填下面这个表，写出自己的姓名和2～5个他认为对该话题比较有发言权的同学的姓名。

你的姓名：					
你认为哪些同学对这个话题最有发言权					

老师收上来这些纸条，就有了一个社会网络的数据，而且其中表达的关系是有方向性的。每个同学是其中一个节点，如果同学i在他的表中提到了同学j的名字，那么网络中就有一条从i指向j的边。例如，图3-24就是一次实际填报数据给出的结果。我们看到每个节点发出有若干指向其他节点的边（称为出向边），同时每个节点也“收到了”若干来自其他节点的边（称为入向边）。此处重点是，入向边的条数（称为“入度”）对不同节点很可能是不同的，反映了一个学生被其他学生“认可”的情况。

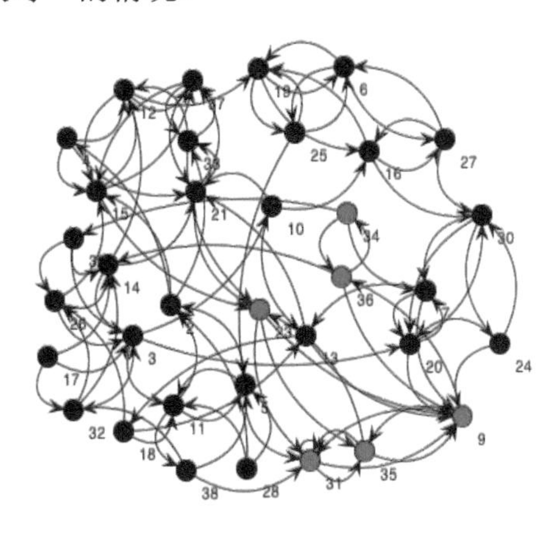

图3-24　一个班级的社会网络

一般来说，针对一个话题，每个同学都会有自己的观点，可以称为不同程度的“发言权”。而这种程度是表达在上述表格中的，意味着某种价值，有高低。下面介绍一种评估这种价值的计算方法。

如果节点i的入度大于节点j的入度，大致可以说明更多的人认为i比j对当下话题更有发言权。也就是说，节点的入度可以是发言权高低的一种指示器。不过还想更进一步，认为一个人的发言权不光取决于有多少人认为他有发言权，还取决于认为他有发言权的人有多大的发言权。同时，若某人认可的人较多，他的分量体现在一个人身上应该较少。利用一些合理的直觉（尽管不一定能证明总是对的）形成启发式指导来计算，是利用计算机求解问题的一种基本策略。在这种思想下要考虑两点，一是将启发式变成算法，二是在应用实践中检验。

下面就是解决这个问题的著名PageRank算法，它通过迭代同时更新每个节点的值，直到收敛误差满足要求或达到某个预设的迭代次数。算法要点是：在迭代的每一轮，让每个节点将自己的当前值均分给出向邻居节点，同时将从入向邻居节点收到的当前值加和作为自己下一轮的当前值，如图3-25所示。关注左边图中的节点v，它有3个入向邻居，每个有不同的出度。右边则是按照上述算法思想对v进行更新的公式。

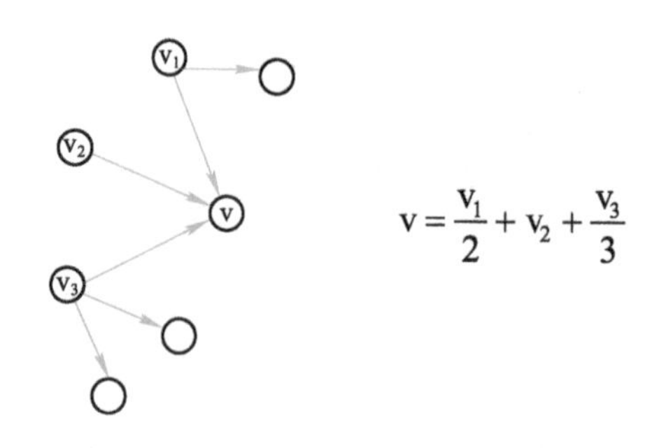

图3-25　PageRank基本更新算法规则示意图

不难想到，基于有向图中的连接关系，对每一个节点都可以写出一个类似但不同的公式。假设有n个节点，通常令每个节点的初值为1/n，按照公式进行迭代，就是PageRank计算的过程。在前面设置的背景问题下，也就是学生们对某一个问题的“发言权”计算过程了。

不过，上面只是阐述了“算法思想”。落实到明晰的算法描述还需要做些整理。关键在于“按不同的公式同时更新每个节点的值”具体怎么实施。这里首先要解决的是不同公式的统一表达问题。

令v=（v_1, v_2,…, v_n）为拟求的网络节点PageRank值的向量，其中每个v_i代表一个节点。为了体现算法思想中的“将当前值均分给出向邻居”，在网络图的邻接矩阵（A）基础上，用节点的出度除每一行，得到矩阵A'。图3-23b就是对应图3-23a的例子。其中第3行有些特别，多出了一个“1”，待下面解释。现在重要的是可以看到，向量v左乘A'，即v←vA'，恰好就是按公式对所有节点的同时更新。为什么是这样呢？

一般地，一个n元行向量v = (v_1, v_2,…,v_n)左乘一个n×n矩阵M，就是用v和M的每个列向量分别相乘（内积），得到一个结果向量w = (w_1, w_2,…,w_n)。其数学关系就是：

$$w_i=v_1m_{1i}+v_2m_{2i}+\cdots+v_nm_{ni}$$

对应到程序中的数组操作表达就是：

```
w = [0]*n
for i in range(n):
    for j in range(n):
        w[i] = w[i] + v[j]*M[j][i]
```

注意到现在用的矩阵M是A'，如果它的第i列中的第j个元素非0，意味着在网络中节点j指向i，且该元素值是节点j的出度的倒数，于是v[j]×M[j][i]正好就是节点j均分给i的PageRank值。都加起来，就正好是按照算法思想给出的节点i的更新值，于是就可以写出算法。

PageRank基本更新算法：

```
# 输入：有向图邻接矩阵A，节点个数n，迭代控制次数
# 输出：节点的PageRank值向量v
1   A' ← A的每一行除以对应节点的出度
2   v = (1/n,1/n,⋯,1/n)     # 也可用不同的初值，加和为1，就不影响结果
3   for i in range(迭代次数):
4         v ← vA'
```

其中第4步的具体实现可参考前面的代码段。这里有一个重要问题提请读者注意。如果网络中有节点的出度为0，会出现什么情况？在谈到的“发言权问题”背景下不会有这问题，但一般情况下难免，例如图3-22b中的节点3，就只有入边没有出边。一旦有这种情况，算法第1步就会遇到除数为0的困难，通常的处理方法是令该节点指向自己（图3-22b矩阵中的A'[3][3]=1就是这么来的）。

不过这还没有完，还有一个更严重的潜在问题。想想上述PageRank更新规则，如果某节点没有指向其他节点的边，它就会表现得很“自私”—— 不断从其他节点吸纳价值，全部累积在自己身上，从而让算法失去意义。为此，PageRank设计者在算法中增加了一个“同比缩减+等量补偿”规则，从而让它真正实用了。有进一步兴趣的读者可参阅其他资料，在此不赘述。

另外值得一提的是迭代过程的收敛问题。理论上，包含“同比缩减+等量补偿”规则的算法总是可以收敛的，但需要无穷时间，因此在实际应用中需要有结束控制。上面的算法描述是依靠预先设定的一个迭代次数，实际中也可以通过判断相继两次迭代结果之间的误差来控制。

下面来看社会网络分析中的另一个算法。还是以前面的班级网络为情境，学生们给出了他们认为谁更有发言权的数据。反过来说，每一个学生对当下话题的观点就会有一定的“影响力”。如果网络中有一条i指向j的边，那么可以想象j的观点就会对i有影响。我们来考虑观点在社会网络中的传播问题。

在有向图上的观点传播，一个简单模型（DeGroot）是这样的：假设每个节点i有一个代表其观点的初值v_i，构成向量v =（v_1, v_2, …, v_n），传播过程以迭代方式进行，每一轮每个节点同时用对它有影响的节点的均值更新自己。最后所有节点会收敛到同一个值（记为c）。这似乎是在说在一个封闭环境中，一群人互动，长此以往，大家的观念会趋同。下面是算得这个共识值的算法。假设我们还是用前面算PageRank时的初始矩阵A和A'，其中“有影响”的含义如上所述，即节点受其出向邻居的影响。

DeGroot共识算法：

```
# 输入：有向图邻接矩阵A，节点个数n，初值向量（v1, v2, …, vn），
# 迭代控制次数
# 输出：算法收敛时每个节点的值向量v
1  A' ← A的每一行除以对应节点的出度
2  for i in range(迭代次数):
3        v ← A' v          # 注意，这个计算中v在矩阵的右边
```

此时特别注意到，由于A'是在A的基础上通过每行除以节点出度而得，为了符合上面影响力传播模型的描述，矩阵向量运算时迭代向量应该出现在矩阵的右边（也就是用矩阵的行向量和它相乘），从而体现了“对其有影响的节点的均值”的要求。这是和PageRank算法的一个本质不同。读者可以尝试写出和前面类似的数学关系和数组操作代码段。

算法尽管输出的还是一个向量，但无论初值如何，其中的元素趋于相同。

那影响力是怎么回事？不是说不同的人有不同的影响力吗？而且通过前面的讨论，“发言权”（PageRank值）较高似乎应该对应影响力较大才是。

此处以PageRank概念为表征的“发言权”的确对共识的形成有着一种精妙的影响，那就是：设v=（$v_1, v_2,\cdots, v_n$）为初始观点向量，c是在DeGroot算法下得到的共识值，记p =（$p_1, p_2,\cdots, p_n$）为在PageRank算法下得到的结果，则：

$$c = \sum_{i=1}^{n} p_i \cdot v_i$$

这个结果的严格证明需要线性代数知识，此处略过。它表明，一个人的PageRank值越高，他的观点在形成群体共识中的作用就越大。PageRank扮演了对其观点“加权”的角色。这也意味着，在社会网络中，一个人的“发言权”正好就是它的“影响力”。当然，这种“精确的结论”只是在上述PageRank和DeGroot模型意义下才成立，现实情况自然要复杂多了。

PageRank和DeGroot算法只用到基础的矩阵向量运算，算法逻辑本身十分浅显易懂。也就是说，按照它们写出程序来会很简单。不过，这种算法描述的简单不意味着复杂性低。事实上，从前面给出的数组操作代码段可以看到是一个二重循环，再加上迭代次数控制，就是一个三重循环，对于较大的n是比较耗时的。

通过这两个例子，读者也许能体会用矩阵表示图结构对于许多算法描述的便利，其中的要点是认识到矩阵向量运算和图中节点值的更新规则之间的对应关系。

第4篇 算术和代数问题

数学家告诉我们，自从有了x，算术就变成了代数。这点透了算术与代数的区别。关于算法，我们也可以做一个类比，那就是自从有了n，日常生活中的算法，如西红柿炒鸡蛋的菜谱之类，就变成了计算机算法。另一方面，一些数学问题本身很难，或者从数学上讲不可能有解，但在算法的帮助下能够得到足够好的近似解，从而使其背后的应用问题得到解决。计算机在自然科学、工程科学和社会科学的应用中所面对的现实大都如此。

22 斐波那契数列

1202年，意大利的斐波那契出版了一本《计算之书》。数学史家们认为斐波那契的这本书对于推动西方普及十进制记数法具有重要作用。如今人们记得斐波那契是源于书中的一个小题目。这个题目是这样的：

一个人在一个完全封闭的理想环境中养兔子。开始时只有一对幼兔。幼兔两个月就长成了成兔，并且每个月每对成兔又能生出一对新的幼兔。所有的兔子都不会死去。一年后这个人究竟会有多少对兔子呢？

我们不妨画个表格，用RR表示一对成兔，rr表示一对出生尚不满两个月的幼兔（记住所有的兔子都不会死）。随着时间的推移，兔子的数量变化可见表4-1。

表4-1 兔子的数量统计

月份	兔子	数量
1	rr	1
2	rr	1
3	RR rr	2
4	RR RR rr	3
5	RR RR rr rr rr	5
6	RR RR RR rr rr rr rr rr	8
7	RR RR RR RR RR rr rr rr rr rr rr rr rr	13
8	RR RR RR RR RR RR RR RR rr rr rr rr rr rr rr rr rr rr rr rr rr	21
	……	

请仔细观察每个月兔子数中成兔与幼兔数量的分布，能看出什么“奥妙”吗？由于幼兔两个月后一定长成，而已有的成兔数量不会减少，所以两个月前的兔子总数即本月成兔的数量；而上个月的每对成兔本月都会生出一对新幼兔，上个月的新幼兔到本月只是长了一个月，仍未长成，所以本月的幼兔数量恰好是上个月兔子的总数量。

上述问题中描述的每个月兔子的总数构成一个整数序列，被称为斐波那契数列。用F_i表示序列中第i项，根据上面的分析可知对于任意正整数i，F_i的递推公式为：

$$\begin{cases} F_1 = 1 \\ F_2 = 1 \\ F_n = F_{n-1} + F_{n-2} \end{cases}$$

斐波那契数列会出名有两个原因：一是它本身有许多特别的数学性质，甚至为每年的国际数学奥林匹克竞赛不断提供新的比赛题目；二是多年来，科学家发现自然界许多地质、生命等结构的数学表述都与斐波那契数列有关。已经出版的与此相关的学术以及科普著作层出不穷。那么该如何计算这个序列中的数呢？有了上述递推公式，就可以写出算法求第n个斐波那契数，如下所示：

```
Fib(n)  //n是正整数
1   if n<3 then return 1
2              else return Fib(n-1)+Fib(n-2)
```

但是这个算法存在很大问题（即使不考虑递归本身是要消耗额外计算资源的）。选一个很小的n，画一个图表示上述算法执行的情况，如图4-1所示。

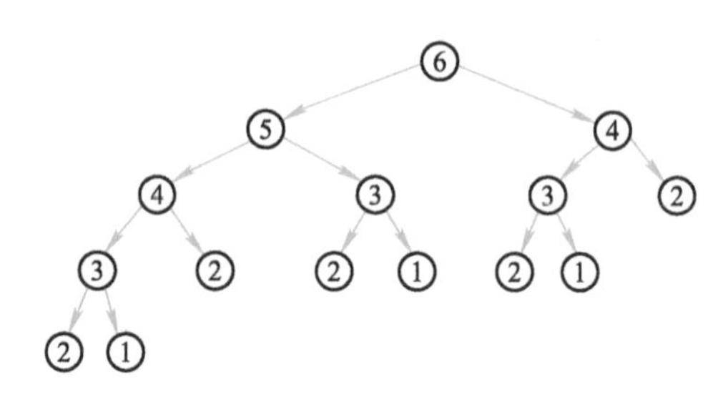

图4-1 算法执行情况

这样的图称为递归树，每个节点表示一次递归调用，这里描述的是计算Fib(6)的执行过程。有向边表示调用子过程与被调用子过程之间的关系。Fib(1)和Fib(2)不再递归，在树中是叶结点。熟悉二叉树遍历的读者立即可以看出子过程在算法执行时是按照中序被调用的。尽管只选择n=6作为例子，也明显地看出有许多重复调用，Fib(4)计算了2次，Fib(3)计算了3次。可想而知，对于稍大一点的n值，这个算法效率极差。

其实这个问题很容易解决。每次计算一个Fib(k)，将结果记在一个表中，查表比递归调用的效率要高得多，如下所示：

```
Fib(n)
int array Fib_k[1:n]
1  Fib_k初始化，Fib-k[1]和Fib-k[2]置为1，其余项置为-1
2  if n<3 then return 1
3     else
4          if Fib_k[n-1]>0 then f1=Fib_k[n-1] else f1=Fib(n-1)
5          if Fib_k[n-2]>0 then f2=Fib_k[n-2] else f2=Fib(n-2)
6          return f1+f2
```

这样就不会重复调用相同的子过程了，可两个条件语句（依然含有递归调用）仍显得很笨拙，是否可以免去条件判断呢？如果能保证每个被调用的子过程前面一定计算过了，就不必每次判断了。换句话说，能否将可能涉及的所有子过程排个序，前面的一定不会调用后面的？

只需按照参数从小到大对子过程排序就可以了。其实计算斐波那契数只需要前面两个相邻的数，因为对于只计算一个特定斐波那契数的算法，并不用建立数组来保存前面的计算结果。更改后的算法如下：

```
Fib(n)
1  设置两个中间变量f1, f2, 初值均置为1
2  if n<3 then return 1 else
3      for i=3 to n
4          fib=f1+f2
5          f1=f2; f2=fib
6  return fib
```

现在是否觉得没有问题了呢？这个算法只采用简单的循环，需要执行的加法操作次数只是n次，也不需要占用很多额外的存储空间。考虑到现在计算机速度非常快，你可能会觉得Fib(50)是个非常简单的计算任务。但果真如此吗？

将上述算法编程并在某个运行环境中运行，屏幕上很快显示出结果：

第50个斐波那契数为：12,586,269,025

这可不是小数字，其中分节号是为了方便阅读加入的（如果希望程序自动分节输出还得加一些代码），这个数大于125亿8000万。幸亏这些兔子只生活在故事中，否则不过五年，数量就大大超过了全球人口。

如果换另一种语言环境，还是这个算法，输出可能会是负值。让程序计算并输出第45至第50个斐波那契数，结果如下：

Fib(45): 1134903137
Fib(46): 1836311903
Fib(47): - 1323752223
Fib(48): 512559680
Fib(49): - 811192543
Fib(50): - 298632863

不但出现了负数，而且有效位数也不再增加了，这是怎么回事呢？

第50个斐波那契数是11位的十进制数，用二进制表示超过了32位，而这里用的计算机显然是32位的。32位存储空间能表示的整数大小有上限，考虑到一位符号位，其有效绝对值不大于$2^{32}-1$。斐波那契数列是严格递增的，而且值的增长越来越快，于是便产生了“溢出”，即数值超过了最大允许范围。而F_{46}正是在32位二进制数范围（含一位符号位）内能正确表示的最大的斐波那契数。

思考一下，你能否利用简单的数组直接模拟加法长式计算来实现不受硬件环境影响的斐波那契数算法？

为了有效利用空间，我们希望不用完整计算就能知道需要计算的斐波那契数大致有多少位。如果能有一个以n为变量显式地定义第n个斐波那契数的代数表达式就很容易做到这一点。下面就是著名的比内公式：

$$F_n = \frac{1}{\sqrt{5}}\left(\frac{1+\sqrt{5}}{2}\right)^n - \frac{1}{\sqrt{5}}\left(\frac{1-\sqrt{5}}{2}\right)^n$$

这里不讨论这个公式是如何推导出来的（用数学归纳法证明其正确性并不难）。这个公式着实能激发人们的好奇心：等号右边出现多个无理数项，对任意正整数n，这个表达式的值始终是正整数。

F_n是n的指数函数，这也就是为什么斐波那契数列增长得越来越快。很多人都听说过巫师按照国际象棋棋盘的格子逐个翻倍向国王索要麦粒的故事，斐波那契数列的增长速度也就比2^n增长得稍慢一点而已。根据前面提到的第一个程序可知，F_{100}的十进制表示有21位。

现在考虑如何估计斐波那契数的十进制位数。因为$\left|\frac{1-\sqrt{5}}{2}\right|<1$，当n足够大时，$\left(\frac{1-\sqrt{5}}{2}\right)^n$的值可以忽略不计。所以：

$$F_n \approx \frac{1}{\sqrt{5}}\left(\frac{1+\sqrt{5}}{2}\right)^n \approx \frac{1.618^n}{\sqrt{5}}$$

从斐波那契的第一对兔子至今差不多过去了820年，也就是9840个月，我们只需一个计算器就能知道F_{9840}的浮点近似值约为1.22×10^{2056}，十进制表示为2057位。n越大，误差越小，计算器上能显示出的有效数字的前若干位应该就是相应斐波那契数前若干位的精确值。

接下来关注一下$\left(\frac{1+\sqrt{5}}{2}\right)$，这是个无理数，数学上专门有个符号表示此数，即与π和e并列的重要数学常数$\phi\approx1.6180339887\cdots$。我们前面说过斐波那契数列有许多有趣的数学性质，其中之一就是：

$$\lim_{n\to\infty}\frac{F_{n+1}}{F_n}=\phi$$

这个式子的含义是：随着n的增加，连续两个斐波那契数用大的除以小的得到的商无限靠近1.618⋯。早在古希腊时代，φ的美学价值就被认识，这就是著名的“黄金分割”系数。它表示一个“完美”矩形的长宽比，被广泛应用于建筑等领域。其几何含义及其在帕特农神庙上的体现如图4-2所示。

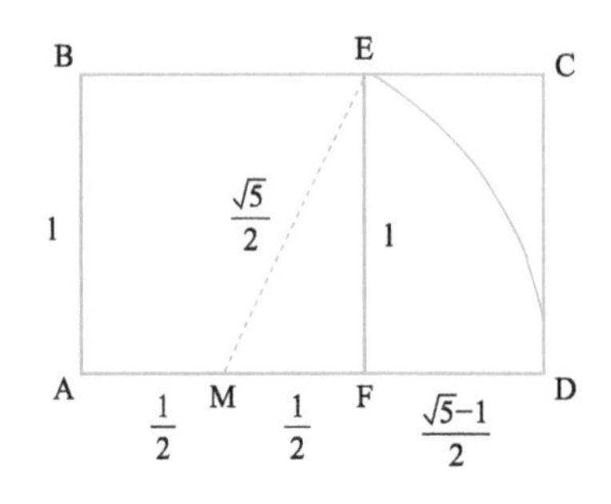

图4-2　帕特农神庙及其几何体现

我们不打算继续讨论美学，而是希望去考虑一下前面讨论过的计算最大公约数的欧几里得算法。对于输入的两个任意正整数a>b，最坏情况下需要多少次递归调用（也就是除法次数）呢？显然，每次递归调用参数值总会下降，而参数值下降越慢，需要的递归次数越多。由此可知，可能导致递归次数最多的输入a、b（a>b）应该满足$1<\frac{a}{b}<2$。

由于$F_n=F_{n-1}+F_{n-2}$，显然当欧几里得算法的输入恰好是两个连续的斐波那契数时，在达到递归终止条件之前，每次递归调用的参数仍然是两个（更靠前一点的）连续斐波那契数。换句话说，如果当前$a=F_n$，$b=F_{n-1}$，下一次调用的a是F_{n-1}，b是F_{n-2}（上次的余数）。它们恰好符合前面讨论的“最坏”情况。由此可以推想，如果输入的a是介于第n个与第n+1个斐波那契数之间的某个整数，最坏情况下需要的递归调用次数应该是n。而斐波那契数的值是其下标的指数函数，因此最坏情况下递归调用次数应该是O(log a)。即当输入的a值增大时，递归调用次数作为a的函数，其增长速度不会超过log a这个函数的增长速度。

23 大数乘法三解

程序设计初学者往往认为算术计算是非常简单的事，因为常用的程序设计语言中都提供算术表达式功能，直接使用即可。但正如斐波那契数列中所讲，当计算的数很大（位数很多）时，很可能结果不是我们想要的。

两个大整数相乘，而且必须是“精确乘”（不能用浮点数表示近似值），对当前广泛使用的加密算法至关重要。而且要想安全，乘数必须很大，比如十进制8192位以上。那么在字长有固定限制的计算机中如何计算任意长度整数的乘积呢？

下面将介绍三种风格迥异的方法。而且由于大家对乘法的基本概念已经很熟悉，理解了这些方法在数学上的正确性后，算法逻辑本身很简单。因此，以下给出完整的Python程序，不再采用伪代码描述。

首先，回顾每个人小时候都学过“长乘”算法，例如，要计算3275×5639，不允许使用计算器，我们会用如下的算式来计算：

```
         3275
         5639
     --------
        29475      =3275×9
        9825       =3275×3
       19650       =3275×6
 +)   16375        =3275×5
 ------------
     18467725
```

乘积为18,467,725。只要我们足够耐心也足够细心，这个“算法”适用于任意大小整数的精确相乘。

很容易让计算机直接模拟手工“长乘”：每个乘数用一个线性表表示，线性表的每个元素是一个十进制数字。结果也用线性表表示，其长度上限为两个乘数位数之和。选定一个作为乘数，另一个为被乘数，用乘数的每一位（从低位开始）逐个与被乘数相乘。如同上式显示的手工计算过程一样，将每轮中间乘积按照一定的位移相加就可以得到结果。与手工计算一样，计算过程中会涉及“进位”，用一个中间变量予以记录。

Python语言提供的数据类型能够很好地支持这种操作。用string输入两个乘数，用list存放中间结果和最后的乘积。Python中这两个数据类型表达的数据均可以是任意长度，并能够通过下标引用其中的元素。

下面就是一个对应上述长乘算法的完整程序。为便于理解，首先对其中的主要变量给予解释。

- A，B：两个输入，被乘数与乘数，类型为string（计算时按位转为整型数）。
- Axb，AxB：前者是A乘以B中一位数（b）的中间结果，后者记录中间乘积的累加和，在算法结束时的值即为A×B（手工计算先完成各轮乘法，然后一次进行多个数相加，而计算机更适合逐次累加），类型为list。
- 各结构的指针：包括i_A、i_B、i_Axb、i_AxB。
- 各结构的长度：由Python函数len() 给出。特别注意到，AxB的长度就是len(A)+len(B)，Axb的长度就是len(A)+1。
- carry：在计算过程中始终存放当前有效的进位值。

算法如下：

```
def multiply_by_one_digit(i):
    carry=0
    i_A = len(A)-1
    i_Axb = len(Axb) - 1
    while i_A >= 0:
        tmp = int(A[i_A])*int(B[i])+carry
        Axb[i_Axb], carry = tmp%10, tmp//10
        i_Axb, i_A = i_Axb-1, i_A-1
    Axb[i_Axb]=carry                    # 最后可能有一个有效进位

def product_accumulated(i):
    carry=0
    i_Axb = len(Axb) - 1
    i_AxB = len(AxB) - (len(B)-i)
    while i_Axb >= 0:
        tmp = int(AxB[i_AxB])+int(Axb[i_Axb])+carry
        AxB[i_AxB], carry = tmp%10, tmp//10
        i_Axb,i_AxB = i_Axb-1,i_AxB-1
# 因总是用Axb的全部，前面按需会有填充的0参与计算，
# 这里不用再考虑进位

# 主程序部分开始
A,B = input('输入两个逗号分开的整数: ').split(',')
AxB = [0 for i in range(len(A)+len(B))]   # 乘积
Axb = [0 for i in range(len(A)+1)]  # A与B的一位b的乘积
i_B = len(B)-1
while i_B >= 0:
    multiply_by_one_digit(i_B)
    product_accumulated(i_B)
    i_B = i_B - 1
print(AxB)                              # 输出的是乘积得数按位的列表
```

注意到两个函数multiply_by_one_digit()和product_accumulated()在形态上几乎是“同构的”，与手工计算一样，这个算法理论上不受乘数大小的限制。似乎我们的问题解决了，但“长乘”的代价究竟如何呢？是不是还可以做得更好？

如果我们基于一位数相乘（“短乘”，可以理解为查一次乘法表）的次数考虑算法的代价，设两个数的位数都是n，显然代价是$O(n^2)$。如果你对这个代价还没有太多感觉，不妨设想要乘两个10万位的整数，即使不考虑加法，短乘的次数将达100亿次，如果连加法也一起考虑，平均每一位数需要20万次基本算术运算。如果选用“百进制”，那所谓“短乘”就是两位数计算，依赖新的“乘法表”似乎效率会高些，但不会有数量级的差别（依然是$O(n^2/4)$），而且乘法表也不可能更大了，存储代价会快速增加。

相比起加法，计算机处理乘法的代价更大些，是否能将“短乘”的数量降下来呢？从直观上看，长乘似乎没有什么可以再改进的余地。我们换一个思路。在现实生活中，人们往往会试图将较大的问题分解成较小的问题来解决，也常常收到很好的效果。计算机算法中最普遍使用的策略之一：分治法，在很多问题上效果显著。

假设相乘的两个数a和b都是2n位的十进制数，那么可以将它们改写为：$a=a_1\times10^n+a_2$，$b=b_1\times10^n+b_2$，其中a_i和b_i（i=1，2）都是n位的十进制数。于是：$a\times b=a_1b_1\times10^{2n}+(a_1b_2+a_2b_1)\times10^n+a_2b_2$。乘10的幂只需移位便可解决，换了形式，乘数的位数是原来的一半，但原来只做一次长乘，现在做4次。短乘的总数仍然是$4n^2$，看起来没有效果。奥秘在于中间括号中的两次n位乘法。注意它可以改写成：$a_1b_2+a_2b_1=(a_2-a_1)(b_2-b_1)-a_1b_1-a_2b_2$。后面两项也就是原来4个乘积中的两个，这就意味着我们只需要算3个乘积就可以了，不过第3个乘积还需要先做两次整数减法，这还可能带来负数处理的代价。但前面已经提到，用加减法替代乘法往往是有利于效率提高的。

这就是非常巧妙的Karatsuba算法的基本思路：用3个辅助变量u、v和w表示大数a、b的乘积所涉及的中间量，即$u=a_1b_1$，$v=(a_2-a_1)(b_2-b_1)$，$w=a_2b_2$。于是：$a\times b=u\times 10^{2n}+(u+w-v)\times 10^n+w$。

我们回到开始时的那个例子：a=3275，b=5639。$a_1=32$，$a_2=75$，$b_1=56$，$b_2=39$。因此，u=32×56=1792；v=(75−32)(39−56)=43×(−17)=−731；w=75×39=2925。由此可得：a×b=17920000+(1792+2926+731)×100+2925=18467725。

当两个乘数都很大时，Karatsuba算法的优越性是明显的。实际上它将短乘数量从平方数量级降低到$\log_2 3$数量级。如果以两个10万位的数相乘，其短乘代价几乎是普通长乘的1/300。

算法策略的分治法之所以非常有价值，是因为同样的分解可以对子问题反复进行（递归）。在两数相乘的例子中，可以一直分解到问题规模小到“心算”可解。当然，如果希望每次规模“折半”，开始时的位数应该是2的整数次幂。我们很容易通过前面加0的方法使两个乘数位数相等，且为2的整数次幂。下面是Karatsuba算法思想的Python实现，为了简单（避免数据对齐的烦琐），该程序要求输入的数的位数（n）为2的整次幂（即2、4、8、16等）。

```
def Karatsuba(a,b,n):
    if n == 2:
        return (a*b)
    else:
        n = n/2
```

```
        a1, a2 = a//(10**n), a%(10**n) # 商和余数
        b1, b2 = b//(10**n), b%(10**n)
        t1, t2 = a2-a1, b2-b1
        u = Karatsuba(a1,b1,n)
        v = Karatsuba(t1,t2,n)
        w = Karatsuba(a2,b2,n)
        t = (u+w-v)*(10**n)
        u = u*(10**(2*n))
        return int(u+t+w)
a,b = eval(input('输入逗号分开的两个乘数，长度应为2的整次幂: '))
print('它们的乘积为：',Karatsuba(a,b,len(str(a))))
```

细心的读者可能注意到，这个程序只是实现了Karatsuba算法的思想（或者说数学原理），还不是一个真正能够计算大数相乘的程序。为什么呢？这是因为它直接用了程序语言中的变量，能表示的数的范围原则上就是受限的。这是与第一个程序不一样的地方。当然，也可以基于Karatsuba算法思想写出真正能够计算大数相乘的程序，留给有兴趣的读者作为练习。

接下来看一种非常有趣的方法，可以大幅度降低乘数的位数。早在1700年前的《孙子算经》一书中就讨论了如下问题：“今有物，不知其数。三三数之，剩二；五五数之，剩三；七七数之，剩二。问物几何？”后人将书中的解法称为“中国余数定理”。它其实要求的是下列同余方程组的解：

$$x \equiv 2 \pmod{3}$$
$$x \equiv 3 \pmod{5}$$
$$x \equiv 2 \pmod{7}$$

根据余数定理，因为3、5、7互质，上述方程组在0到3×5×7=105范围内一定有唯一解（这里的解是23）。给我们的启发是：当我们打

算求两个很大的数的乘积时，可以选择几个互质的数作为除数，用两个乘数分别给出相应的余数，只要选择的除数连乘积大于需要计算的乘积（这很容易估计），就可以通过解同余方程组得到结果。

我们仍然以3275×5639为例来展示上述启发体现的过程。显然，3275和5639的乘积不大于4000×6000=24000000。选择61、71、73、79四个除数（它们互质且乘积大于3275×5639），可以得到以下8个式子：

$$3275 \equiv 42 \pmod{61} \qquad 5639 \equiv 27 \pmod{61}$$
$$3275 \equiv 9 \pmod{71} \qquad 5639 \equiv 30 \pmod{71}$$
$$3275 \equiv 63 \pmod{73} \qquad 5639 \equiv 18 \pmod{73}$$
$$3275 \equiv 36 \pmod{79} \qquad 5639 \equiv 30 \pmod{79}$$

令x=3275×5639，上面同一行的两个式子相乘并求相应的余数（例如第一行，42×27=1134，除以61余36），可得：

$$x \equiv 36 \pmod{61}$$
$$x \equiv 57 \pmod{71}$$
$$x \equiv 39 \pmod{73}$$
$$x \equiv 53 \pmod{79}$$

我们解出这个同余方程组，即得到相应的乘积。可是解这个方程组也挺复杂，大家会觉得用这个办法做乘法没有多大吸引力。其实我们考虑的是特别大的数相乘代价很大，这个方法涉及的乘数会很小（也就是对应所选择的模数。对这个例子而言就是61、71、73、79），更重要的是上面各个式子的计算是相互无关的，很容易在并行计算机中高效地执行。

一般地，解一元n个同余方程组有经典的算法，需要一点数论方面的知识，我们不在这里展开了。下面来讨论如何编一个小程序（可以给学编程的小学生做的那种），帮我们找出如下两个同余方程的解（x）：

$$x \equiv a \pmod{m}$$
$$x \equiv b \pmod{n}$$

有了它，类似于解多元一次方程一样的消元法可以帮我们找到类似上面例子的解。

看前两个方程。第一个表明x可以写成x=61k+36，程序可以找出k取何值能使这个式子的值除以71余57，也就是前两个式的解。程序如下：

```
a,m,b,n = eval(input('按照a,m,b,n的顺序输入4个逗号分开的数: '))
print(a,m,b,n)
solution = remainder = a
while remainder != b:
    solution = solution + m
    remainder = solution % n
print(solution)
```

如何利用这个程序求解多个同余方程的解呢？假设一共有2^m个，就可以先两两求出2^{m-1}个部分结果，然后递归进行，直到最后两个。

对我们的3275×5639例子而言，有4个同余方程。那么：

将前两个式子中的参数（36，61，57，71）输入，输出为341，这意味着满足它们的解为：$x \equiv 341 (\bmod 61 \times 71 = 4331)$。

将后两个式子中的参数（39，73，53，79）输入，输出为1791，这意味着满足它们的解为：$x \equiv 1791 (\bmod 73 \times 79 = 5767)$。

再将刚得到的两个方程的参数（341，4331，1791，5767）输入，输出为18467725，也就是满足4个方程的解。正是前面算得的乘积。

24 高次方程求解

方程是使用最为广泛的数学模型之一。尽管现在计算机越来越多地用于与日常生活相关的非数值计算，但求方程的数值解仍然是极为重要的技术手段。其实解方程也与生活息息相关，只是我们不一定知道，例如天气预报就离不开大规模方程求解。本文讨论利用计算机解一类相对简单方程的方法。

在初等数学中大家都已非常熟悉一元多项式p(x)。如果式中x的最高次数是n（n是正整数），则称其为一元n次多项式，相应地，p(x)=0称为一元n次方程，下文中称为“多项式方程”，该方程的解（根）也被称为相应多项式的根（或零点）。

几百年前，数学家就推导出求解三次和四次方程的代数公式，但证明了当n>4时通过代数方法求解不可能。有了计算机，烦琐计算不再被视为畏途，我们可以通过“尝试”的方法找任意次多项式方程的近似解。

1. 多项式求值

既然是“尝试”，就得拿“候选”的解代入方程看看是否代满足要求，基本方法就是针对给定的x_0值，考察多项式的值$p(x_0)$。因此我们首先给一个多项式求值的算法。

多项式本身似乎就提供了求值的“算法”。对于多项式$a_0x^n+a_1x^{n-1}+\cdots+a_{n-1}x+a_n$，只需求出每项的值再求和即可。不过这个做法的效率明显不高，在逐项求幂值时会导致重复计算，而且不管是手工计算还是计算机计算，乘法的代价明显高于加法。

例如，给定多项式$p(x)=x^4-3x^3+16x^2+10x-24$，取x=2，则

$p(2)=2^4-3\times2^3+16\times2^2+10\times2-24=52$，总共需要执行9次乘法、4次加法。如果我们对原多项式进行简单的代数变形，得到$p(x)=x(x(x(x-3)+16)+10)-24$，则$p(2)=2(2(2(2-3)+16)+10)-24=52$，只需3次乘法和4次加法。

一般而言，对于多项式$p(x)=a_0x^n+a_1x^{n-1}+\cdots+a_{n-1}x+a_n$，可改写为公式$p(x)=x(x(\cdots(x(a_0x+a_1)+a_2)\cdots)+a_{n-1})+a_n$。这样，欲求该多项式在$x=x_0$时的值，将$x=x_0$代入后者即可。这一方法称为Horn法则。这就是多项式求值算法的基础，下面来看怎么实施。

首先定义表示多项式的数据结构。只需给出系数序列就可以表示多项式。为了避免歧义，0系数不可省略，多项式的次数即为序列长度减1。例如，上述例子为[1,−3,16,10,−24]，多项式$3x^7-11x^6+5x^3-4x-23$对应的列表为[3,−11,0,0,5,0,−4,−23]。

算法过程如下：

```
def poly_value_by_horn(poly,x_val): # poly是多项式的系数列表，
                                    # x_val是上述x0
    value=0  # value存放计算中间结果，最终为多项式在x0点的值
    for coef in poly: # 循环执行次数为多项式最高项次数+1，
                      # 第一个计算值为a0
        value=value*x_val+coef
    return value
```

每次循环执行乘法与加法各1次，因此算法的代价为O(n)，n是多项式的最高次数。注意，Horn法则本身并不要求所有系数为实数。为算法实现方便，这里只考虑实系数方程的解，也就是说讨论的多项式系数一定是实数。

2. 基于二分搜索思想的近似算法

二分搜索是一种效率非常高的搜索算法。首先回顾一点数学知识：

1）任何一个奇数次实系数多项式至少有一个实根，这就是说，如果p(x)是奇数次实系数多项式，那么方程p(x)=0至少有一个实数根（解）。

2）多项式一定是连续函数，函数图像是平面上的一根连续曲线。任取两个不相等的实数a、b，如果p(a)、p(b)异号（不妨假设p(a)<0，p(b)>0），那么曲线在区间[a，b]上与x轴一定有交点，交点x_坐标值即p(x)=0的一个实数根，如图4-3所示。

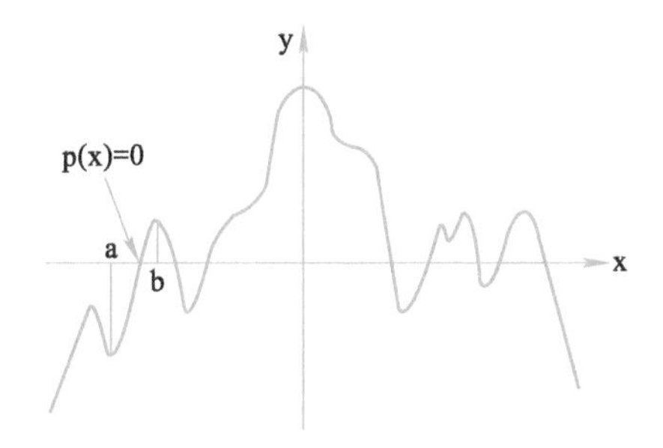

图4-3　多项式函数图像

现在来讨论一个算法，对于输入的奇数次实系数方程p(x)=0，找出一个实数解（也可能实数解不唯一，算法只需找到一个即可）。其基本思想如下：随机选择一个整数a，计算p(a)，再选择一个整数b，满足p(b)与p(a)异号（可能需要尝试多次）。注意，如果p(a)=0或p(b)=0，a或b就是一个解。不妨假设p(a)<0，p(b)>0，则(a，b)中一定包含一个解，计算p((a+b)/2)，结果是0，则解搜索成功；否则根据结果的正负性，可以将下一个搜索区域缩小为(a，(a+b)/2)或((a+b)/2，b)。用户指定一个允许误差值t，持续上述搜索过程，直到搜索区间长度小于指定的t。这个方法只能给出方程的近似解，但可以使得误差小于任意指定的正值。

（1）确定起始搜索区间

用随机的方法选择起始搜索区间的端点可能需要尝试多次，因为选定了一个端点a（这可以是任意的），很难确定再试多少次选到的b能满足p(a)和p(b)异号。

读者一定熟知偶次实系数方程未必有实数解，例如$x^2+1=0$。为什么奇数次就一定有实数解呢？

对任意正奇数n，幂函数x^n图像的基本形态是一样的，只是曲线“陡峭”程度不同。一般的奇次多项式图像可能会复杂很多，但有一点基本特征是保持的，如果最高项系数为正，则基本形态如$p(x)=x^3$，图像的左下方和右上方无限单调延伸；而若最高项系数为负，则基本形态如$p(x)=-x^3$，图像的左上方和右下方单调无限延伸，如图4-4所示。

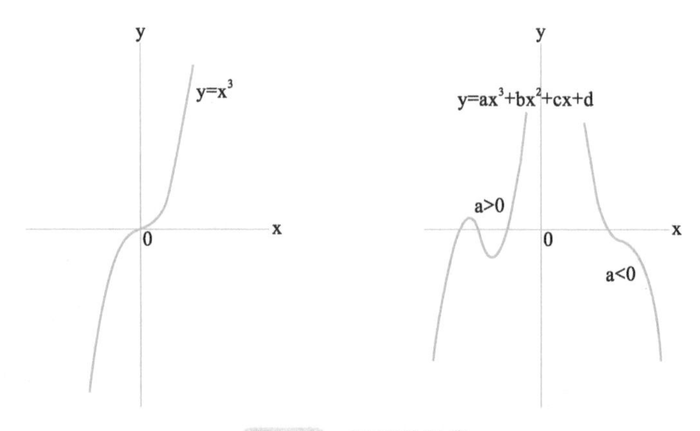

图4-4　幂函数图像

这就意味着，只要选择绝对值足够大的k，就可以使得p(−k)与p(k)异号。可多大才是“足够大”呢？

在实践中，也可以选择a=0作为算法工作区间的第一个端点，然后根据多项式系数的特征确定另一个端点b，确保p(b)和p(0)异号。记多项式$p(x)=a_{0x}x^n+a_1x^{n-1}+\cdots+a_{n-1}x+a_n$，不难看到$p(0)=a_n$。可以证明（略），若$a_0$为1，记k为多项式各系数的最大绝对值，则$b=-sign(a_n)(k+1)$满足要求。若$a_0$不为1，则总可以先将多项式除以$a_0$，得到的结果与初始多项式同根。于是，为简单起见，下面的算法假设$a_0=1$。

定义搜索区间为[low，high]，low<high。其中一个值选为0，所以计算起始区间的函数只需返回另一个端点值即可。这需要确定系数中的最大绝对值，并根据a_0（最高项系数）和a_n的符号关系选择适当符号。注意，函数initial_range并不确定计算出的k是low还是high。另外该函数被调用时已确定多项式常数项不为0。算法过程如下：

```
def max_abs(poly)        # 返回输入多项式绝对值最大的系数的绝对值，
                         # 算法过程略
def initial_range(poly): # 确定起始搜索区间除0以外的另一个端点
    k=max_abs(poly)+1
    if 常数项系数>0（注意，已假设a0=1）:
        sign=-1
    else:
        sign=1
    k=k*sign
    # 因为按照上述算法过程，p(k)一定与多项式常数项异号，
    # 这里并不需要计算p(k)
    return (k)
```

（2）用二分搜索找多项式方程的近似解

有了起始的搜索区间，寻找零点的算法过程可描述如下：

```
poly = 输入多项式的系数列表
error = 允许的最大误差值
if 多项式常数项==0:
  输出“0是一个实根”，算法结束
else:
  k = initial_range(poly)
  if poly_value_by_horn(poly,k)==0:
    输出“k是一个实根”，算法结束
  else:
    if k>0:
      low,high = 0,k
    else:
      low,high = k,0
    p_low = poly_value_by_horn(poly,low)
    p_high = poly_value_by_horn(poly,high)
    cycle = 0
    while high-low>error:
      cycle = cycle+1
      temp = (low+high)/2
      p_temp = poly_value_by_horn(poly,temp)
      if p_temp==0:
        输出“temp是一个实根”，算法结束
      else:
        if p_temp*p_low<0:
          high,p_high = temp,p_temp
        else:
          low,p_low = temp,p_temp
    输出“temp是一个实根，误差小于error”
```

多项式：$x^5-6x^3-19x^2-9x-45=0$，起始搜索区间为（0，46），算法执行结果见表4-2。

表4-2　算法执行结果

误差要求	近似解x值	p(x)=0近似值	循环次数
<1%（百分级）	3.60	0.793	13
<0.1%（千分级）	3.597	0.174	16
<0.001%（十万分级）	3.59764	0.000	23

下面对“近似解”做一些解释。算法循环终止条件是即将处理的搜索区间长度已小于指定的误差上限。此时区间的一个端点即上一循环中搜索区间的中间点x的坐标值，这也就是算法输出的方程实数根，此时区间内部任何点与此输出值的距离一定小于区间长度，那些点中至少有一个方程的实根（精确值）。注意，“误差大小”与用近似解x计算出的p(x)与0有多“接近”没有直接关系（上表只是一个特殊的例子，不该由此产生误导）。不熟悉无穷小理论的读者只需理解即使是“连续”的曲线，在不管多小的区间（只要严格大于0）仍可以有“很大的起伏”。

3. 整系数多项式方程的有理数解

前面的算法只能帮我们寻找方程的近似解，但我们往往希望能找到精确解。利用一个简单的数学定理可以帮我们将寻找整系数多项式方程有理数解的搜索空间极大地缩小，小到计算机能很容易实现穷尽搜索，这样就能够得到所有的精确有理数解，或者判定给定方程不存在有理数解。

设有多项式方程：$f(x)=a_0x^n+a_1x^{n-1}+\cdots+a_{n-1}x+a_n$，若$a_i$（i=0，1，…，n）均为整数，则有理数p/q（p和q互质）是该方程解的必要条件是：q是a_0的整除因子，p是a_n的整除因子。

对于系数绝对值不是非常大，如$24x^5+10x^4-x^3-19x^2-5x+6=0$这样

的方程，很容易建立可能的有理数解的集合：{±1，±2，±3，±6，$\pm\frac{1}{2}$，$\pm\frac{3}{2}$，$\pm\frac{1}{3}$，$\pm\frac{2}{3}$，$\pm\frac{1}{4}$，$\pm\frac{3}{4}$，$\pm\frac{1}{6}$，$\pm\frac{1}{8}$，$\pm\frac{3}{8}$，$\pm\frac{1}{12}$，$\pm\frac{1}{24}$}。计算机便可对集合中的元素逐个验证是否为方程解。但为了实现相应算法，必须能够处理与分数有关的精确运算。可以采用两种途径解决这个问题。流行的程序设计语言一般可以提供实现分数操作的库函数，编程时可直接导入应用。也可以用整数的有序对表示分数，自行实现关键的函数，如约简、加法、乘法等。

需要说明的是，当整数n的绝对值非常大时，找出n所有的整除因子并不容易。从2开始逐次判断某个k是否能整除n，计算代价很高。

利用相关基本操作，很容易将前面的poly_value_by_horn改造为能对x_val为分数值的输入计算多项式的精确值。设poly_value_by_horn_plus(poly, x_val_tuple)为改造后的函数，第2个参数为有序对形式的分数。定义函数divider(n)，计算整数n的所有整除因子的绝对值，返回包含这些值的列表。算法输入的多项式poly形式与前面讨论的完全一样，只是所有项均为整数。算法过程如下：

```
numerator_list = divider(poly[length(poly)-1])    # 常数项的所有整除因子
denominator_list = divider(poly[0])   # 最高项系数的所有整除因子
solution_list=[]      # 存放有理数解的列表，开始是空表
k=0                   # 解计数
for up in numerator_list:
    for down in denominator_list:
        x_value = 以up为分子，down为分母的最简分数形式
        if poly_value_by_horn_plus(poly,x_value)==0:
            将x_value加入solution_list
            k=k+1
        if poly_value_by_horn_plus(poly,-x_value)==0: # 可能正负值均为解
            将-x_value 加入solueion_list
```

```
        k=k+1
if k==0:
    输出“没有有理数解”
else:
    输出“有理数解为：”，solution_list
```

对于难以用代数公式直接给出解的高次方程，这里给出的近似算法以及针对特殊情况的精确算法，其实都是基于“猜”的。在中小学数学课中一直不认可“猜”作为一种解题方法。可是计算机改变了这一点。基于已知数学结论的“高级猜”，甚至只考虑输入概率分布的“任意猜”都能引导我们解题。这正是“计算思维”不同于传统数学思维的一个重要方面。

参 考 文 献

[1] Donald Knuth. The Art of Computer Programming, Vol 3[M]. Addison_Wesley, 1998.

[2] 伊凡•莫斯科维奇．迷人的数学[M]．佘卓桓，译．长沙：湖南科技出版社，2016．

[3] Thomas H C, Charles E L, Ronald L R，et al．算法导论[M]．北京：机械工业出版社，2012．

[4] 贝特霍尔德•弗金，赫尔穆特•阿尔特，马丁•迪茨费尔宾格，等．无处不在的算法[M]．陈道蓄，译．北京：机械工业出版社，2018．

[5] 邓俊辉．数据结构：C++语言版[M]．3版．北京：清华大学出版社，2013．

[6] 克莱因伯格，塔多斯．算法设计：影印版[M]．北京：清华大学出版社，2006．

[7] SALOMON D. Data Compression: The Complete Reference[M]. 4th ed. Berlin: Springer, 2007.

[8] 王晓东．算法设计与分析[M]．3版．北京：清华大学出版社，2014．

[9] 海涅曼，波利切，塞克欧．算法技术手册：影印版[M]．南京：东南大学出版社，2009．

[10] MANBER U．算法引论：中文版[M]．黄林鹏，谢瑾奎，陆首博，等译．北京：电子工业出版社，2010．

[11] WALLIS W D. The Mathematics of Elections and Voting[M]. Berlin: Springer, 2014.

[12] 陈玉琨，汤晓鸥．人工智能基础：高中版[M]．上海：华东师范大学出版社，2018．

[13] 大卫·伊斯利，乔恩·克莱因伯格．网络、群体与市场[M]．李晓明，王卫红，杨韫利，译．北京：清华大学出版社，2011．

[14] HROMKOVIC J. Algorithmics for Hard Problems[M]. 2nd ed. Berlin: Springer, 2002.

[15] 西蒙·辛格．码书：编码与解码的战争[M]．刘燕芬，译．南昌：江西人民出版社，2018．

[16] SWEIGART A. Cracking Codes with Python: An Introduction to Building and Breaking Ciphers[M]. San Francisco: No Starch Press, 2018.

[17] JACKSON M O. The Human Network[M]. New York: Pantheon Books, 2019.

[18] 郁祖权．中国古算解趣[M]．北京：科学出版社出版，2004．

[19] 约翰·麦考密克．改变未来的九大算法[M]．管策，译．北京：中信出版社，2019．

[20] 屈婉玲，刘田，张立昂，等．算法设计与分析[M]．2版．北京：清华大学出版社，2016．

[21] AIGNER M. Combinatorial Theory[M]. Berlin: Springer, 1979.

[22] 张苍（汉）．九章算术[M]．曾海龙，译．南京：江苏人民出版社，2011．

[23] 柯尔詹姆斯基．趣味数学[M]．张继武，程韬，译．少年儿童出版社，1961．

[24] Steven Strogatz. The Joy of x[M]. New York: Mariner Books, 2013.

[25] 李晓明，王卫红，薛定稷．算法初步[M]．上海：华东师范大学出版社，2021．

[26] 李晓明，周刚，顾秋辉，白晓琦．数据与数据结构[M]．上海：华东师范大学出版社，2021．

后　记

2019年初，我们俩商量着在一个面向中小学教师的杂志上开一个“算法园地”专栏，每月出一篇文章，按两年计划，一共写24篇。从2019年6月开始，我们轮流操刀，同时深入切磋，一篇篇关于算法的小文章就这样出炉了。我们希望做到通俗性、趣味性和严谨性相结合，为中小学从事信息技术课教学的教师提供一些既有思想性，也有实用性的材料。

几个月后，我们感到这些材料除了可能对中小学教师有帮助，还可能有助于计算思维在更广泛人群中的普及，包括曾经的计算机专业毕业生。那样的话，这种分布在一期期杂志中的文章就不方便了，于是决定在最初的目标实现后将所有文章结集出版。正好，中国计算机学会和机械工业出版社合作创办了北京西西艾弗信息科技有限公司，本书有幸成为其策划的第一本书。

我们能实现这样一个目标，首先要感谢人民教育出版社的林众。在他的联络下，《中小学教材教学》成为“算法园地”专栏最初的平台。后来有人认为另一个杂志《中国信息化教育》应该更适合这样的文章，也是在林众的协调下，专栏从2020年开始就迁到了《中国信息化教育》。因此，我们还要感谢两个杂志社的编辑周国华、李冰和付刚、樊绮。他们的接纳和协助让我们得以用一种轻松愉快、水到渠成的方式完成这项难以完成的工作。当然，还要感谢北京西西艾弗信息科技有限公司的梁伟在成书过程中的多方面努力，让这些文章有了一个整体的面貌。

尽管我们在计算机科学与技术领域工作了多年，按照这种目标定位来编写与算法相关的文字也是颇具挑战的，因此在过去两年里也学习收获了许多。最重要的是，在这项工作完成之际，我们进一步感受到了它的意义。听说西西艾弗公司策划了一个“漫步”系列，令人兴奋。相信有同仁和我们一样，乐于漫步在这种思想和知识的交融之中。

编　者